はじめに

　わが国の建設業において、半世紀にわたり広く普及してきた共同企業体（以下「ＪＶ」という。）については、融資力の増大、危険分散、技術の拡充・強化、施工の確実性など多くのメリットがあげられている。また、行政当局の積極的なＪＶの振興策により、建設業者の育成強化さらには受注機会の付与等により業界の発展に大きく寄与してきた。

　しかし、近年における業界を取り巻く構造的な課題は厳しく、業界再生に向けて建設省（現：国土交通省）は、平成11年に「建設産業再生プログラム」を公表し、行政による建設業の環境整備の課題のひとつとして「ＪＶ制度・運用のあり方の検討」を取り上げ、この制度の健全な再構築を図った。

　これを受け、（財）建設業振興基金に設置する建設業経理研究会は、平成12年・13年の2度にわたりＪＶ全般に関する大規模な実態調査を実施し、ＪＶ運用実態をはじめとする多くの有益な情報を収集した。特にＪＶの会計処理については、各社における様々な対応が浮き彫りになり、現状のままではその明瞭性が欠けるとの意見や、統一的な会計処理指針の構築を要請する声を得ることとなった。建設業経理研究会では、これらの調査から得られた情報・意見を踏まえ「ジョイント・ベンチャー（ＪＶ）の会計処理ガイドライン（試案）」を平成14年1月に策定・公表したところである。

　一方、国土交通省は、平成14年3月、共同企業体標準協定書の見直しを実施した。ＪＶの債務につき構成員が連帯して責任を負うことが明示されるとともに、ＪＶの財産と構成員の財産を峻別するため、ＪＶの名称を冠した別口預金口座で取引を行うこととするなど、ＪＶの構成員が破綻した場合等に、他の構成員の債権を保全するための措置が求められたところである。この債権保全措置の一環として、ＪＶ独自の会計単位により会計処理を行うべきことが改めて明確にされ、ＪＶの会計処理の公平性、明瞭性がより強く要求されることとなった。

　建設産業経理研究所では、このような現状を踏まえ、建設業経理研究会が取りまとめたガイドラインに更なる検討を加え、ＪＶの独立会計方式を基礎とするＪＶ会計の指針をここに取りまとめた。

　本指針策定過程においては、多数の企業へのヒアリング調査を実施するとともに、実務を尊重することも十分に配慮するため、複数の建設業団体との意見交換も実施した。また、国土交通省からは、全体の監修を通じて本指針の内容の整合性について十分チェックしていただいた。関係各位のご協力を感謝申し上げる。最後になってしまったが、建設業経理研究会の長期の審議過程以来、本書のとりまとめに至るまで、精力的なご対応をいただいたご執筆の先生方に厚く御礼申し上げる次第である。本書が活用され、ＪＶ会計の健全な進展が促進され、ＪＶの適正な運営の一助となり、ひいては建設業の発展にささやかながら貢献することができれば幸いである。

平成14年11月
建設産業経理研究所

改訂にあたって

　建設業における共同企業体（ジョイント・ベンチャー、ＪＶ）方式による受注システム
は、戦後の建設業法の制定後まもなくの昭和26年ころから、民法の共同請負（民法第430
条）の形式を根拠として、その方式の採用に関する容認の方向が整いはじめて以来、わが
国の高度かつ急速な経済成長とともに広く普及し今日に至っている。

　当初は、ＪＶ方式の本旨からして、現代にいう特定建設工事共同企業体（特定ＪＶ）の
活用がこれを意味していたが、しだいに中小・中堅建設業者の継続的な協業を強化するた
めの施策にも活用されることとなり、いわゆる経常建設工事共同企業体（経常ＪＶ）も、
日本式ＪＶの一翼を担うこととなった。

　しかしながら、わが国の財政構造改革に強い関心が向けられはじめるとともに、公共事
業の発注に対して強力な削減のメスが加えられてからは、業界の供給過剰構造の是正に向
けた企業再編の促進が喫緊の課題となり、現代的には、経常ＪＶは企業合併等への円滑化
を推進する実効性を求められている。

　他方、公共工事の継続的な減少に伴い、わが国の地方経済を支えてきた全国各地域の中
小企業としての建設企業は減少の一途を辿り、本来的に地域で確保していかなければなら
ない社会資本の整備、維持・管理等において軽んずることのできない支障が顕著になって
きている。国土交通省は、このような事態に鑑み、平成23年12月の通知をもって、地域維
持型建設共同企業体（地域維持型ＪＶ）方式の導入を図ることとした。この方式が、伝統
的な特定ＪＶや経常ＪＶとともに、主旨を生かした運用によるバランスある浸透を期待す
る。

　また、東日本大震災の復旧・復興に向けたより具体的な対策としては、被災地における
技術者や技能者の不足に対して広域的にこれを確保する観点からの対策として、平成24年
２月、被災地域における復旧・復興のための共同企業体（復興ＪＶ）を当面の対策として
運用することとするガイドラインを発している。ただし、このＪＶは、岩手県、宮城県、
福島県の３県を対象エリアとして限定する試行期間に係る措置として位置づけられてい
る。

　かくのごとく、わが国の建設工事におけるＪＶ方式は、経済環境やその他の社会環境の
変化を配慮した形で、日本固有のジョイント・ベンチャー方式として展開、活用されてい
る。

　さて、以上のような建設共同企業体の会計方式については、本書の初版において明らか
にしたごとく、国土交通省の通達の求める独立会計方式が定着していたわけではなかっ
た。ここに独立会計方式とは、共同企業体独自の会計単位により会計処理を実施するもの
をいうものである。しかしながら、平成12、13年における（財）建設業振興基金・建設業
経理研究会における実態調査、及びこの調査情報を基にした平成14年の会計処理ガイドラ
イン（試案）の公表、さらには、同年12月の建設産業経理研究所編著による本書『ＪＶの
会計指針』の発刊以来、建設業界においては、おおむね適切な会計処理の実践が促進され

ているものと理解されている。

　加えて、わが国における一般的な意味における会計制度改革は、20世紀末からはじまり今日まで引き続き日本の会計制度のグローバリゼーション化を継続しているが、建設業界に対しては特に、社会資本整備を担う産業として建設業法のいう公共の福祉の増進に寄与するという目的とともに、相応に厳しい形での会計制度改革が求められている。特に、平成19年12月に企業会計基準委員会によって策定・公表された『工事契約に関する会計基準』及び同適用指針は、建設業会計に新たな道筋を指示することとなった。一定の要件を満たした建設工事については、原則として工事進行基準を適用することを規定したことである。

　いわゆる工事契約会計基準は、平成21年4月1日以後開始する事業年度から強制的に適用されることとなり、少なくとも上場会社等の公認会計士による監査を受ける会社では、内部統制組織の確立とともに、収益認識の新時代に入ったことになる。

　当然に、建設共同企業体の会計においても、このような変革を受けとめた独立会計方式を適用しなければならないこととなる。

＊　＊　＊　＊　＊　＊　＊　＊　＊

　本書の編著者である建設産業経理研究所は、平成9年5月の設立以来、人格なき任意団体として15年の活動を推し進めてきました。季刊誌『建設業の経理』の継続的な発刊（第1号～第62号）を基本の業務としながら、『建設業会計実務ハンドブック』（平成13年）、『中小建設企業の会計指針』（平成18年）、『工事契約会計』（平成20年）などの建設業会計に関する単行本の発刊を続けてきました。

　本書も約10年の間、建設業界をはじめとしてＪＶを利用する業態の事業者の方などの関係者に、適切な会計方針・会計処理を導くガイドラインとしてご活用いただいてきました。このたび、あらたなＪＶ形態の導入を機に、データの更新などを含めた改訂版を取りまとめることとしました。ただし、ＪＶの公平性、明瞭性を明確に求めた独立会計処理の基本を変更することはいたしておりません。引き続き、ＪＶ会計における新たな環境下でのガイドラインとして活用されることを期待しています。

　建設産業経理研究所の組織改革すなわち一般財団法人建設産業経理研究機構の創設を機に、ここに新たな環境に対応する改訂版を発刊することができましたことは、ひとえにご執筆者（奥付参照）のご尽力によるもので、各位に心より感謝申し上げます。制作・発売を担われた大成出版社のご担当者とともに、重ねて感謝を申し上げます。

　平成25年4月1日

一般財団法人　建設産業経理研究機構

再改訂にあたって

　国土交通省は、平成24年2月14日に開催した「第2回復旧・復興事業の施工確保に関する連絡協議会」において、岩手県、宮城県及び福島県内（以下「被災三県」という。）における建設工事で、不足する技術者や技能者を広域的な観点から確保することを可能とするため、復興JV制度を試行的に実施すべく、「復旧・復興建設工事における共同企業体の当面の取扱いについて」（平成24年2月29日付け国土入企第34、35、36、37号。以下「当面の取扱い」という。）を通知したところですが、依然として、被災三県においては入札不調が多数発生していることから、更なる入札不調対策として当面の取扱いを改正しました。

　さらに、国土交通省では、平成29年に「多様な入札契約方式モデル事業選定・推進委員会」を設置し、「地方公共団体における復旧・復興事業の取組事例集」（https://www.mlit.go.jp/common/001228582.pdf）を取りまとめ、この中で復興JVに関する取組事例も取り上げております。

　当財団は、平成25年4月に「JVの会計指針改訂版」を発刊いたしましたが、復興JV等新たなJV方式を取り上げるとともに、JVにおける会計処理、統計データ等内容を更新し、再改定版として発刊するものでございます。

　　令和3年10月

　　　　　　　　　　　　　　　一般財団法人　建設産業経理研究機構

改訂3版　ＪＶの会計指針

目　次

資料

建設工事共同企業体（ジョイント・ベンチャー）の会計指針

Ⅰ　ＪＶの意義

1．ＪＶ制度の趣旨と現状

　共同企業体（「ジョイント・ベンチャー」、「ＪＶ」）は、複数の事業者が、個々の法的な実体（企業組織）を維持しながら、他の特定の目的を達成するために、固有の協定のもと、共同して1つの事業を営むことを意味する。広義に解すれば、特定目的の達成のために別会社を設立すること、米国のパートナーシップのように当該法に基づいた組織を結成することなどもいわゆるジョイント・ベンチャーの種類に含まれるが、わが国においては、ほぼ、建設工事におけるＪＶを共同企業体と解し、「建設工事共同企業体」と呼んでいる。これは、複数の建設業者が共同連帯して工事の施工を行うことを合意して連携した事業組織体であり、発注者からの受注権限を有するものと理解されている。

　建設工事のＪＶは、戦後の経済復興政策の一環として、昭和25年9月の中央建設業審議会の決定を受け、昭和26年から制度として導入されたものである。この特徴は、米国のように個別の適用法（パートナーシップ法など）を制定することなく、民法上の組合の一種として位置づけ、公共工事発注と関係経済環境の活性化に資するものとして導入に踏み切っている。したがって、ＪＶの組織特性は、有機的な組織体をなしているものの、それ自体としては独立の法人格を有するものではない。また、共同事業におけるほとんどの権利義務は、ＪＶ組織体でなくその構成員となる建設企業に所属する。ただし、発注者との関係では工事の完成義務が共同責任となっており、各構成員は工事を共同しながら完成させる義務を持つものとされている。このように、わが国の建設工事共同企業体は、特有の性格をもって運営されていることを十分に承知しておくことが肝要である。

　国土交通省（旧建設省）は、当初、ＪＶの効用として次の項目を列挙している。（建設省中建審発第12号、昭和26年8月）。

①融資力（資金力）の増大

　大規模工事の場合、多額の資金を長期的に必要とするが、ＪＶを組むことにより1社当りの資金負担を軽くすることができる。

②危険分散

　ＪＶを組むことにより大規模工事に伴う工事損失の危険の負担を分散化することができ

る。

③技術の拡充、強化及び経験の増大

　工事経験の少ない建設会社も専門会社と組むことにより、工事経験が積まれ技術力が増大する。

④施工の確実性

　ＪＶの各構成員の協力、連帯責任により、単一業者との契約に比べ、工事の確実性と安全性が確保できる。

　公共工事発注においては、戦後一貫してＪＶの活用を図り、近年は、ほとんどの公共工事発注機関において採用され、ＪＶへの発注は公共工事発注総額の３割を超える時期もあった。

　このような効果を期待したＪＶも、建設産業自体の肥大化と建設市場の低迷により、多くの建設企業に受注機会を付与するという工事（パイ）の分け合いを目的とした発注が目立つようになり、単独業者が施工する方が効率的な工事までＪＶ発注となったり、ＪＶ構成員数が多過ぎたり、構成員間の技術力、施工能力等のアンバランスがかえって工事施工を非効率とするなどのケースも見受けられるようになった。

　国土交通省（旧建設省）は、ＪＶの本来の趣旨に適った円滑な運営を促進するために、昭和62年、「共同企業体のあり方について」を公表し、平成６年、平成10年に改定しながら、次のように、ＪＶ活用の基本方針を明確にしている。

①建設業の健全な発展と建設工事の効率的な施工を図るために、公共工事の発注は単体の発注を基本的な前提とするとともに、共同企業体の活用は、技術力により効果的な施工が確保できると認められる適正な範囲にとどめるものとする。

②昭和25年中央建設業審議会決定「建設工事の入札制度の合理化について」は、公共工事入札に当たっての公正自由な競争秩序のあり方を示し、企業規模の大小にも留意した適正な入札方法として「等級別発注制度」を定めたもので、共同企業体を活用する場合にあっても、同制度の合理的な運用を確保することが必要である。

③不良・不適格業者の参入を防止し、円滑な共同施工を確保するため、発注機関においては、共同企業体の対象工事、構成員等について適正な基準を明確に定め、それに基づき共同企業体の運用を行うものとする。

④共同企業体の対象工事については、共同施工の体制を経済的に維持し得る工事規模を確保するとともに、受注者においては適正に技術者を配置し、合理的な基準のもとで運営することにより工事の適正かつ円滑な施工を行うものとする。

（昭和62年８月17日、建設省中建審発第12号、最終改正　平成10年２月４日）

　しかしながら、近年は人手不足に加え毎年全国各地で多発する大規模災害からの復旧工事や災害対策工事などへの迅速な対応を求められ、地域維持型ＪＶ（平成23年12月９日付

け国土入企第27号）や復旧・復興建設工事共同企業体方式（復興ＪＶ）（平成24年２月29日付け国土入企第34、35、36、37号）などが新たに導入され、従来とは異なるＪＶ制度の目的・役割が付与されてきている。

２．ＪＶの種類

(1)　共同施工方式（甲型共同企業体）と分担施工方式（乙型共同企業体）

　共同施工方式とは、各構成員があらかじめ定めた出資割合（出資比率）に応じて資金、人員、機械等を拠出し一体として工事を施工する方式である。出資比率は、ＪＶ運営のための財産的基礎を各構成員で分担する割合であり、工事の施工より生じる利益の配分割合ともなるものである。したがって、出資比率は、技術者を適正に配置し共同施工を確保できるように適正なものでなければならない。

　共同施工方式では、共同企業体協定書において各構成員の出資割合を次のように取り決めておく。

（構成員の出資の割合）
第８条　各構成員の出資の割合は、次のとおりとする。
　　　　　　○○建設株式会社　　　70％
　　　　　　△△建設株式会社　　　30％

　分担施工方式とは、共同企業体として請け負った工事を工事場所別（たとえば工区）等に分担して施工する方式である。

　この方式では、共同企業体協定書において次のように各構成員の分担工事額を取り決めておくが、各構成員が工事全体に対して連帯責任を負うことには、共同施工方式と変わりはない。

（分担工事額）
第８条　各構成員の建設工事の分担は、次のとおりとする。
　　　　　　○○建築工事　　　○○建設株式会社
　　　　　　△△土木工事　　　△△建設株式会社

---

(2)　特定建設工事共同企業体（特定ＪＶ）と経常建設共同企業体（経常ＪＶ）

　特定ＪＶとは、大規模かつ技術的難易度の高い工事の施工に際して、技術力等を結集することにより工事の安定的施工を確保する場合等、工事の規模、性格等に照らし、ＪＶによる施工が必要と認められる場合に工事ごとに結成されるＪＶを言う。特定ＪＶの対象工事の種類・規模は、高速道路、橋梁、トンネル、ダム、堰、空港、下水道等の土木構造物

のように大規模かつ技術的難易度の高い工事の施工に活用されるものである。

　経常ＪＶとは、優良な中堅・中小建設業者が、継続的な協業関係を確保することにより、その経営力・施工力を強化するために結成することを認めたものである。この方式は、中小建設業者が単独では受注することができない上級の工事の施工機会を開き、中小建設業者の育成、振興を図ろうとするものである。

　共同企業体運用準則に規定する特定ＪＶと経常ＪＶの内容の対比を示すと以下のとおりである。

	特定建設工事共同企業体	経常建設共同企業体
①性格	建設工事の特性に着目して工事ごとに結成されるＪＶとする。	優良な中小建設業者が、継続的な協業関係を確保することによりその経営力・施工力を強化するためＪＶを結成することを認め、もって優良な中小建設業者の振興を図るものとする。
②対象工事	対象工事の種類・規模は、大規模工事であって技術的難易度の高い特定建設工事（高速道路、橋梁、トンネル、ダム、堰、空港、港湾、下水道等の土木構造物であって大規模なもの、大規模建築、大規模設備等の建設工事。以下「典型工事」と言う。）その他工事の規模、性格等に照らし共同企業体による施工が必要と認められる一定規模以上の工事とする。	単体企業の場合に準じて取り扱うものとするが、技術者を適正に配置し得る規模を確保するものとする。
③構成員 a．数	２ないし３社とする。	２ないし３社程度とする。
b．組合せ	最上位等級のみ、あるいは最上位等級および第２位に属する者の組合せとする。	同一等級または直近等級に属する者の組合せとする。
c．資格	構成員は少なくとも次の３要件を満たす者とする。 ａ）当該工事に対応する許可業種につき、営業年数が少なくとも数年あること。	構成員は少なくとも次の３要件を満たす者とする。 ａ）登録部門に対応する許可業種につき、営業年数が少なくとも数年あること。

	b）当該工事を構成する一部の工種を含む工事について元請として一定の実績があり、当該工事と同種の工事を施工した経験があること。	b）当該登録部門について元請として一定の実績を有することを原則とする。
	c）全ての構成員が、当該工事に対応する許可業種に係る監理技術者または国家資格を有する主任技術者を工事現場ごとに専任で配置し得ること。	c）全ての構成員に、当該許可業種に係る監理技術者となることができる者または当該許可業種に係る主任技術者となることができる者で国家資格を有する者が存し、工事の施工にあたっては、これらの技術者を工事現場ごとに専任で配置し得ることを原則とする。
d．結成方法④登録	自主結成とする。	自主結成とする。1つの企業が各登録機関毎に結成・登録することができる共同企業体の数は、原則として1つとし、継続的な協業関係を確保するものとする。登録時期等は単体企業の場合に準ずる。
⑤出資比率	出資比率の最小限度基準は、技術者を適正に配置して共同施工を確保し得るよう、構成員数を勘案して発注機関において定めるものとする。	出資比率の最小限度基準は、技術者を適正に配置して共同施工を確保し得るよう、構成員数を勘案して発注機関において定めるものとする。
⑥代表者の選定方法とその出資比率	代表者は、円滑な共同施工を確保するため中心的役割を担う必要があるとの観点から、施工能力の大きい者とする。また、代表者の出資比率は構成員中最大とする。	代表者は構成員において決定された者とし、その出資比率は、構成員において自主的に定めるものとする。

⑶　地域維持型建設共同企業体（地域維持型ＪＶ）

　平成23年に新たに導入された制度で、道路や河川の維持管理、除雪、災害応急対応など、地域の社会資本の維持管理のために持続的に実施する必要がある工事に対して、地域事情に精通した建設企業が結成するＪＶを、地域維持型ＪＶと言う。

地域維持型ＪＶの構成員は、当面10社程度を上限としており、土木工事業または建築工事業の許可を有する企業を必ず含めなければならない。

　また、地域維持型ＪＶは、技術者の専任要件が緩和されており、単体と地域維持型ＪＶとの同時登録や、経常ＪＶ・特定ＪＶとの同時結成・登録が可能となっている。

⑷　復旧・復興建設工事共同企業体（復興ＪＶ）

　平成23年３月11日に発生した東日本大震災において、特に被災の大きい岩手県、宮城県及び福島県の被災３県への復旧・復興工事を円滑に進める目的として導入された制度が復興ＪＶである。被災地域内だけでは十分な施工体制を確保できないことに対応するため、不足する技術者や技能者を広域的に確保できるように、被災地域の建設企業と被災地域外の建設企業によるＪＶの組成を可能にした。

　以降、全国各地で発生する大規模時地震や未曽有の大雨による河川の氾濫などの復旧・復興工事で復興ＪＶが導入されている。

３．ＪＶ工事の推移

　公共発注者においては、大型工事につき、従来よりＪＶに対して発注することが多い。公共工事におけるＪＶの施工実績を前払い保証実績をもとに概観してみる。

　請負金額全体に占めるＪＶ工事の割合については、年度によりバラツキがあるものの、おおよそ２割から３割、2019年度の統計では約15兆円の請負金額のうち、その25％にあたる約3.7兆円がＪＶ工事で占められていることがわかる。

表　公共工事におけるＪＶの実績（請負金額、単位：百万円）

	2000年度			2005年度		
	合計	うちＪＶ		合計	うちＪＶ	
北海道	1,830,661	862,068	47.1%	1,068,863	537,165	50.3%
青森県	345,916	76,649	22.2%	197,044	55,693	28.3%
岩手県	369,292	76,969	20.8%	208,133	51,901	24.9%
宮城県	443,147	95,482	21.5%	257,533	44,553	17.3%
秋田県	259,186	47,841	18.5%	177,188	64,110	36.2%
山形県	296,386	57,093	19.3%	159,602	27,166	17.0%
福島県	407,516	87,533	21.5%	236,563	61,081	25.8%
茨城県	462,769	143,843	31.1%	247,742	69,301	28.0%
栃木県	291,336	72,222	24.8%	203,759	67,803	33.3%
群馬県	278,086	42,045	15.1%	165,866	32,478	19.6%
埼玉県	580,959	165,835	28.5%	343,253	84,845	24.7%
千葉県	565,698	151,400	26.8%	333,117	75,560	22.7%
東京都	1,604,248	869,366	54.2%	1,011,560	411,946	40.7%
神奈川県	775,445	259,723	33.5%	493,151	129,413	26.2%
新潟県	624,887	151,023	24.2%	518,331	107,429	20.7%
富山県	241,177	66,877	27.7%	138,651	36,404	26.3%
石川県	268,410	64,088	23.9%	172,103	31,744	18.4%
福井県	184,076	46,508	25.3%	155,165	38,712	24.9%
山梨県	251,226	70,775	28.2%	157,533	36,236	23.0%
長野県	388,170	105,416	27.2%	167,521	21,954	13.1%
岐阜県	421,370	91,718	21.8%	251,415	80,053	31.8%
静岡県	634,512	221,943	35.0%	425,088	149,481	35.2%
愛知県	997,028	413,546	41.5%	516,235	167,460	32.4%
三重県	355,429	108,926	30.6%	219,802	57,474	26.1%
滋賀県	237,767	38,413	16.2%	167,233	50,109	30.0%
京都府	368,200	154,505	42.0%	198,916	60,219	30.3%
大阪府	894,397	340,194	38.0%	584,537	250,529	42.9%
兵庫県	722,900	246,845	34.1%	407,531	89,527	22.0%
奈良県	216,270	71,177	32.9%	140,699	38,084	27.1%
和歌山県	186,710	34,182	18.3%	135,698	31,937	23.5%
鳥取県	208,804	39,227	18.8%	122,813	25,947	21.1%
島根県	318,579	53,208	16.7%	192,829	42,299	21.9%
岡山県	288,890	73,435	25.4%	168,083	28,204	16.8%
広島県	459,564	104,216	22.7%	300,959	87,853	29.2%
山口県	317,065	71,117	22.4%	215,468	52,465	24.3%
徳島県	220,178	36,130	16.4%	154,310	36,753	23.8%
香川県	173,335	35,897	20.7%	91,391	9,167	10.0%
愛媛県	289,313	25,094	8.7%	177,206	19,591	11.1%
高知県	253,033	57,446	22.7%	138,193	31,034	22.5%
福岡県	689,583	201,410	29.2%	452,096	110,870	24.5%
佐賀県	190,411	30,557	16.0%	115,110	25,071	21.8%
長崎県	346,482	69,496	20.1%	201,998	65,566	32.5%
熊本県	380,607	99,468	26.1%	218,687	60,634	27.7%
大分県	284,193	52,643	18.5%	175,514	32,480	18.5%
宮崎県	258,252	42,770	16.6%	208,616	41,065	19.7%
鹿児島県	443,076	70,956	16.0%	256,550	33,261	13.0%
沖縄県	374,858	135,318	36.1%	281,643	99,119	35.2%
全国	20,999,397	6,432,593	30.6%	12,931,298	3,761,746	25.5%

2010年度			2015年度			2019年度		
合計	うちＪＶ		合計	うちＪＶ		合計	うちＪＶ	
819,445	289,807	35.4%	770,811	259,786	33.7%	956,227	320,202	33.5%
189,923	53,768	28.3%	155,817	26,870	17.2%	186,730	48,945	26.2%
168,230	25,258	15.0%	520,438	185,420	35.6%	371,058	94,740	25.5%
203,974	26,111	12.8%	831,432	260,196	31.3%	531,401	121,061	22.8%
132,003	27,419	20.8%	131,703	38,996	29.6%	172,983	60,812	35.2%
147,616	19,316	13.1%	140,721	13,949	9.9%	207,043	38,570	18.6%
184,703	23,260	12.6%	796,151	363,250	45.6%	637,005	257,926	40.5%
264,312	44,496	16.8%	375,632	95,551	25.4%	366,158	88,679	24.2%
166,650	38,405	23.0%	157,133	33,791	21.5%	197,343	48,215	24.4%
165,366	22,553	13.6%	173,959	12,824	7.4%	236,144	49,444	20.9%
336,917	43,838	13.0%	419,969	51,905	12.4%	401,913	50,389	12.5%
316,122	36,775	11.6%	424,345	92,727	21.9%	391,085	52,757	13.5%
1,149,179	399,194	34.7%	1,603,698	635,229	39.6%	1,614,918	500,928	31.0%
471,203	97,854	20.8%	622,048	204,739	32.9%	693,863	228,969	33.0%
349,259	71,060	20.3%	134,287	27,259	20.3%	145,615	25,246	17.3%
188,904	90,380	47.8%	188,310	33,587	17.8%	213,920	46,473	21.7%
141,435	33,477	23.7%	305,850	68,776	22.5%	337,458	65,500	19.4%
125,108	25,545	20.4%	105,682	26,583	25.2%	127,886	21,637	16.9%
145,498	32,184	22.1%	138,337	35,439	25.6%	221,384	96,883	43.8%
180,809	15,507	8.6%	127,790	39,179	30.7%	262,816	137,548	52.3%
192,012	27,250	14.2%	276,543	26,451	9.6%	418,450	73,428	17.5%
398,062	55,436	13.9%	516,327	68,444	13.3%	612,495	143,605	23.4%
473,171	82,210	17.4%	191,427	22,308	11.7%	266,901	56,471	21.2%
202,961	40,967	20.2%	241,580	46,732	19.3%	196,978	24,799	12.6%
97,609	8,404	8.6%	118,641	14,465	12.2%	150,720	24,696	16.4%
172,151	33,961	19.7%	201,570	49,398	24.5%	231,384	58,477	25.3%
408,314	78,768	19.3%	548,954	112,614	20.5%	551,859	96,247	17.4%
314,008	42,868	13.7%	378,409	73,419	19.4%	401,892	81,894	20.4%
86,838	16,833	19.4%	120,258	31,528	26.2%	105,132	31,164	29.6%
131,010	10,623	8.1%	165,890	19,644	11.8%	172,590	18,576	10.8%
94,329	14,617	15.5%	95,496	18,798	19.7%	114,286	31,032	27.2%
173,746	25,474	14.7%	134,785	25,455	18.9%	168,971	36,243	21.4%
138,550	17,245	12.4%	166,161	38,261	23.0%	204,598	34,902	17.1%
222,382	29,291	13.2%	203,563	27,378	13.4%	298,462	46,583	15.6%
175,404	24,294	13.9%	239,711	60,777	25.4%	192,542	50,035	26.0%
101,522	17,620	17.4%	119,011	11,655	9.8%	134,424	11,234	8.4%
84,466	11,405	13.5%	108,818	17,517	16.1%	103,305	19,631	19.0%
153,471	22,869	14.9%	147,335	21,895	14.9%	190,500	19,751	10.4%
121,812	22,047	18.1%	140,028	23,278	16.6%	178,942	29,964	16.7%
389,227	56,977	14.6%	414,283	92,846	22.4%	481,613	75,836	15.7%
102,238	17,061	16.7%	96,791	24,725	25.5%	115,931	29,984	25.9%
174,708	26,406	15.1%	163,717	38,482	23.5%	219,777	66,940	30.5%
195,219	36,325	18.6%	187,179	34,190	18.3%	312,822	91,571	29.3%
145,217	14,057	9.7%	137,826	30,218	21.9%	163,550	27,039	16.5%
158,352	19,911	12.6%	119,722	17,188	14.4%	144,053	29,783	20.7%
220,037	25,877	11.8%	200,083	25,138	12.6%	249,642	45,291	18.1%
247,648	86,366	34.9%	329,969	148,514	45.0%	313,389	125,712	40.1%
11,221,120	2,281,369	17.8%	13,888,210	3,627,398	26.1%	14,968,180	3,735,834	25.0%

Ⅱ　ＪＶ運営の基本原則

　発注機関におけるＪＶ工事発注に関する基本姿勢および建設業者がＪＶを結成した場合の運営方法の基本原則等について、旧建設省の通達を参考にしながら取りまとめてみる。

1．組織構成の原則

①　共同相乗効果

　ＪＶは、各構成員が技術・資金・人材等を結集することにより、単体企業として施工を行うよりも、相乗的かつ総合的な効果を発揮して、工事の安定的な運営と実質的施工能力が増大することを期待するものである。

②　規模の適正化

　建設業の健全な発展と建設工事の効率的施工を図るため、公共工事の発注は単体発注を基本的原則とするとともに、ＪＶの活用は、技術力の結集等により効果的施工が確保できると認められる適正な範囲にとどめるものとする。

③　不良不適格業者の参入防止

　不良不適格業者の参入を防止し、円滑な共同施工を確保するため、発注機関は、ＪＶの対象工事、構成員等について適正な基準を明確に定め、それに基づきＪＶの運用を行うものとする。

④　適正、円滑な施工

　ＪＶの対象工事については、共同施工の体制を経済的に維持し得る工事規模を確保するとともに、工事を受注したＪＶにおいては、適正に技術者を配置し、合理的な基準のもとで運営することにより工事の適正かつ円滑な施工を行うものとする。

⑤　適正出資

　ＪＶの構成員の出資比率の最小限度基準は、技術者を適正に配置して共同施工を確保し得るよう、構成員数を勘案して発注機関において定めるものとする。

２．現場運営

① 施工連帯責任

　ＪＶの各構成員は、建設工事の請負契約の履行および下請契約その他の建設工事の実施に伴いＪＶが負担する債務の履行に関し、連帯して責任を負うものとする。

② 運営委員会

　ＪＶは、各構成員を代表する委員をもって組織する運営委員会を設ける。

　運営委員会は、ＪＶの最高意思決定機関であり、組織および編成並びに工事の施工の基本に関する事項、資金管理方法、下請企業の決定等のＪＶの運営に関する基本的事項および重要事項を協議決定する権限を有する。

　運営委員会は、構成員全員が十分に協議したうえで工事の完成に向けての公正妥当な意思決定が行われる必要があるため、その議決は、原則として全ての委員の一致による。

③ 現場運営の適正化

　ＪＶによる工事の施工が円滑かつ効率的に実施されるためには、構成員が運営委員会において十分な協議を行うことはもとより、現場においても運営委員会で決定された方針に即して全ての構成員が緊密な意思疎通を図り、協議して工事の施工にあたらなければならない。

　また、工事の規模・性格等によっては専門的事項を協議決定する機関として、運営委員会のもとに施工委員会等の専門委員会を設ける必要も生じる。

④ 規則策定

　ＪＶの組織が効果的に働き、円滑かつ効率的な共同施工を確保するためには、運営委員会、各専門委員会等が整備され、各々その機能が十分に発揮されるとともに、構成員が密接な連携を保つことが必要である。

　このため、公正性、効率性、協調性各々の観点から、業務の処理容量についての構成員間の合意を規則として明文化することにより、全ての構成員が信頼と協調をもって共同施工に参画し得る体制を確保する必要がある。

　運営委員会は、次のような規則を定めることが必要である。

　　施工委員会規則

　　経理取扱規則

　　工事事務所規則

　　就業規則

　　人事取扱規則

　　購買管理規則

　　その他の規則

これらの規則は、各構成員が記名捺印し、各々１通を保有する。

⑤　技術者協調配置

　ＪＶによる工事の施工が円滑かつ効率的に実施されるためには、全ての構成員が施工しようとする工事にふさわしい技術者を適正に配置し、共同施工の体制を確保しなければならない。したがって、各構成員から派遣される技術者等の数、質及び配置等は、信頼と協調に基づく共同施工の確保という観点から、工事の規模・性格等に応じて適正に決定される必要がある。

⑥　安全衛生責任

　現場における労働意欲を増し、能率的に作業を進めていくためには、ＪＶとしての適正な就業条件を整備するとともに、厳格に安全衛生管理を実施することが必要不可欠である。

　この場合、各構成員の就業規則、安全衛生管理方針は各々異なっていることから、公平な就業条件と一元的な安全衛生管理を設定し、そのもとで、作業環境の快適性を保ち、構成員間の協調性、公平性が損なわれることのないよう配慮することが必要である。

⑦　業者選定、適正化

　ＪＶの各構成員はそれぞれ協力会社等の下請業者、資機材業者を異にすることが通例であり、このことから下請業者等の決定いかんによってはＪＶとしての効果的な活用が期待されないのみならず、工事の的確な施工の確保に支障を生ずることも考えられ、その決定は公正かつ明瞭に進めなければならない。

　具体的には次の手順により決定することが望ましい。

　ア　工事事務所長は、施工に必要な物品、役務の調達、工事の発注を行おうとするときは、各構成員より施工委員会に対し業者を推薦させる。

　イ　施工委員会は、推薦を受けた業者の中から、施工能力、経営管理能力、雇用管理及び労働安全管理の状況、労働福祉の状況、関係企業との取引の状況等を総合的に勘案し、原則として複数の業者を選定し、入札または見積合せを行う。

　ウ　運営委員会は、施工委員会から推薦された業者を、入札または見積合せの結果等をもとに検討のうえ決定する。

3.　会計システム

①　独立会計方式

　ＪＶの会計処理は、公正性、明瞭性を確保する必要から、ＪＶ独自の会計単位を設けて行われる必要がある。一般的には、ＪＶ会計の「独立会計方式」と呼ぶことができる。

　なお、ここに言う「会計単位」とは、会計における認識・測定を実施すべき範囲を言う

もので、一般的には、その単位ごとに資産、負債、資本、収益、費用から構成される財務諸表の作成を予定した範囲と考えられている。

② 経理取扱規則

会計処理方法を異とする構成員間からなるＪＶにおいて、原価管理、損益計算が的確に実施されるためには、その前提となる会計処理が構成員間で合意された統一的基準に基づき、迅速、明瞭かつ一元的に行われる必要がある。したがって、経理取扱規則によりＪＶで採用されるべき会計処理方法、費用負担、会計報告等を定め、ＪＶの財政状態および経営成績を明瞭に開示し、ＪＶの適正かつ円滑な運営と構成員間の公正を確保することが必要である。

③ 現場主義

構成員に対して会計処理の信頼性を担保するため、ＪＶの会計処理は努めて現場において行うこととする。

ただし、ＪＶの規模、性格等によって、効率性・正確性等の観点が考慮される場合には、スポンサーの電算システム等を適宜活用することも容認される。このような場合、これを「スポンサーシステム活用方式」と呼ぶことができる。この方式による場合は、独立会計方式と同等の会計結果を得ることを明確にする工夫が必要であるとともに、スポンサーに委任する経理事務の範囲を経理取扱規則に明確に定めておかなければならない。

④ 適時、明瞭開示

全ての構成員に対して開かれた会計とするため、原則として月1回定期的に構成員に対する会計報告を実施するほか、随時会計情報の開示を行うこととする。

この報告は、明瞭性の確保の観点から毎月行われなければならないが、工事の規模、期間等を総合的に勘案し、妥当と判断されるものについては、隔月又は四半期ごとの報告とすることも差し支えない。

⑤ 計画的資金管理

前払金、中間金、清算金の受領、取扱いおよび入出金方法等については、各々の代金の性格、ＪＶとしての資金計画等を勘案のうえ定めるものとする。

具体的には、工事事務所長が、工事着工後速やかに資金収支の全体計画を立てるとともに、毎月、資金収支管理のための資金収支予定表を作成し、各構成員へ提出しなければならない。

⑥ 適正原価管理、実行予算

適正な原価管理の確保は、ＪＶとして不必要な費用の発生を防止し、的確な予算管理を行ううえで必要不可欠なものである。このため、実行予算作成にあたっては、工種ごとに区分整理し、予算と実績を対比し得るように作成する。

なお、この実行予算と工事実績との対比について定期的に運営委員会に対して報告を行

うものとし、予算と実績の間に重要な差異が生じた場合またはその発生が予想される場合は、工事事務所長はその理由を明らかにした資料を速やかに作成し、施工委員会を通して運営委員会の承認を得なければならない。

⑦　決算

決算手続は、法令、協定書その他ＪＶの規則等に定める事項に準拠して行う。

具体的には、工事事務所長が、工事竣工後速やかに精算事務に着手し、次に掲げる財務諸表を作成し、施工委員会が財務諸表を精査し、決算案を作成する。

　　貸借対照表

　　損益計算書

　　完成工事原価報告書

　　附属明細書（消費税計算書、出資金明細書等を含む）

⑧　監査

共同企業体の適正な業務執行および適正な協定（共通）原価の実現を担保するため、原則として決算書（案）作成後、適切かつ公正な監査を行うこととし、運営委員会においては次の事項に留意して、少なくとも監査委員の選出および権限、監査対象ならびに監査報告の手続を予め定めておくものとする。

　ア　監査委員については、原則として全ての構成員が、当該構成員を代表し得る者を選定して充てるものとする。

　イ　監査の対象は、原則として決算書（案）および全ての業務執行に関する事項とする。

　ウ　監査報告書は、全ての監査委員が監査結果を確認のうえ運営委員会に提示するものとし、少なくとも次に掲げる事項を記載するものとする。

　　監査報告書の提出先および作成日

　　監査方法の概要

　　監査委員の署名捺印

　　決算案等が法令等に準拠し作成されているかどうかについての意見

　決算案等が協定書その他共同企業体の規則等に定める事項にしたがって作成されているかどうかについての意見

⑨　協定原価

協定原価とは、共同企業体の共通原価に算入すべき原価である。

協定原価の基準、範囲については、運営委員会で定めておくが、少なくとも次に掲げる経費のうち構成員に対して支払うものについては、その取扱いを明確に定め、経理取扱規則に明示する。

　　事前経費

見積費用

人件費

本社事務経費

電算処理費

仮設材、工事用機械、工業所有権等の使用料　等

Ⅲ　独立会計方式による会計処理

1．ＪＶ会計の会計単位

　ＪＶ会計における会計処理の範囲すなわち会計単位は、ＪＶの受注した工事内容の全体を対象とするもので、ＪＶ工事を総覧することのできる会計報告書（一般的には財務諸表）の作成を予定したものである。したがって、ＪＶの会計処理は、原則としてＪＶを独自の会計単位とする「独立会計方式」が採用されなければならない。

　平成元年5月16日発せられた建設省通達「共同企業体運営指針について」（建設省経振発第52号）は、構成員間の信頼と協調のもとに円滑に運営されるべく建設工事共同企業体の基本的な運営のあり方を明確に提示したものである。この中で、ＪＶの会計を次のように実施すべきことを明示した。

　会計処理を異にする構成員からなる共同企業体において、損益計算、原価管理が的確に実施されるためには、その前提となる会計処理が構成員間で合意された統一基準に基づき迅速、明瞭かつ一元的に行われる必要がある。したがって、共同企業体で採用されるべき会計処理方法については構成員間で予め取り決めをしておかなければならない。

　また、共同企業体の会計処理は公平性、明瞭性を確保する必要から共同企業体独自の会計単位を設けて行われる必要がある。

　このような方針は、その後の経済環境の悪化とそれに伴う経営破綻危機の状況とともに、再び再確認すべき必要性に鑑みて、国土交通省は、平成14年3月29日、「甲型共同企業体標準協定書の見直しについて」と題する通達を発し、ＪＶの別口預金口座による取引要請とともに、次のような会計処理方針を確認した。（国総振第165号）

　共同企業体施工工事について代表者の会計に取り込んで会計処理を行っている例が見られるが、（中略）共同企業体独自の会計単位により会計処理を行うべきものである。

　以上のように、わが国のＪＶ会計では、いわゆる独立会計方式を実施することが必要である。

2．ＪＶの独立会計方式

⑴　「工事契約に関する会計基準」と「収益認識に関する会計基準」

　わが国の伝統的な工事収益の認識については、企業会計原則において工事完成基準を原則としつつ、長期請負工事についてのみ工事完成基準と工事進行基準の選択適用が認められていた。

　しかし、平成19年に公表された「工事契約に関する会計基準」においては、それまで容認されていた工事完成基準と工事進行基準の選択適用が排除され、条件に応じていずれかの基準を適用していくこととなった。

　この会計基準は令和３年に廃止されたものの、中小企業を対象とする「中小企業の会計に関する指針」においては、「工事契約に関する会計基準」の内容が維持されており、また、現在の会計基準を適用していくうえにおいてもたいへん重要であるため、以下に「工事契約に関する会計基準」の概要を説明していく。

　本会計基準は、工事契約に係る工事収益及び工事原価について、施工者（contractor）における会計処理と開示を定めている。工事契約とは、仕事の完成に対して対価が支払われる請負契約のうち、基本的な仕様や作業内容を顧客の指図に基づいて行うものを指しており、具体的には土木、建築、造船、一定の機械装置の製造、受注制作のソフトウェア等があげられる。

　工事契約に関して、工事の進行途上においても、その進捗部分について成果の確実性が認められる場合には工事進行基準が適用され、この要件を満たさない場合に限り工事完成基準が適用される。成果の確実性が認められるためには、工事収益総額、工事原価総額、決算日における工事進捗度の３要素について、信頼性をもって見積ることができなければならない。

　また、上記の要件を満たす前提として、対象となる工事契約には実体がなければならない。形式的に契約書が存在していても、容易に解約されてしまうような場合には、その工事契約に実体があるとはいえず、実体があるといえるためには、工事契約が解約される可能性が少ないこと、または、仮に工事途上で工事契約が解約される可能性があっても、解約以前に進捗した部分については、それに見合う対価を受け取れることが確実であることのいずれかの条件を満たす必要がある。

　なお、工事契約に係る認識基準の識別に当たって、工期の長短は影響を及ぼさないため、短期の工事契約であっても会計期間をまたぐものについては、工事進行基準を適用すべきである。ただし、工期が極端に短いものは、通常は金額的重要性も低く、工事契約としての重要性も乏しい場合が多い。このような取引については、工事進行基準を適用して工事収益総額や工事原価総額の按分計算を行う必要はなく、工事完成基準を適用していく

ことで足りる。

さて、現在は工事契約に関する会計基準にかわって、「収益認識に関する会計基準」が適用されている。本会計基準においては、“約束した財又はサービスを顧客に移転することにより履行義務を充足した時に又は充足するにつれて、充足した履行義務に配分された額で収益を認識する”と規定されており、実態としては、これまで同様に原則として工事進行基準を適用していくこととなろう。

ＪＶで受注した工事契約についても、本会計基準に従い、適用すべき認識基準を判定していくこととなる。

(2)　収益計上基準とＪＶ会計

現在上場企業等の大会社に分類される大手建設会社においては工事進行基準を適用し、中小建設会社では工事完成基準に基づく工事収益の計上が行われている場合が多い。これまでも決算期の異なる企業同士のＪＶの結成に際して、見積原価の計上等で実務上のトラブルとなるケースが散見されたが、工事進行基準を主として適用する企業同士では、比較的こうした決算に関わる問題は減少しているものと思われる。一方で、収益計上基準が異なる会社同士がＪＶを組成した場合には、トラブルが発生するケースは増えるものと考えられる。両方の収益計上基準に対応した実務上の処理が必要となるため、各社の決算に必要となる会計情報の提供を速やかに行なければならない。

ＪＶは民法上の組合に該当する組織として捉えられている。このため、ＪＶは会計主体とはみなされず、ＪＶを構成する構成会社各社が自社の決算に組み込んで行う必要がある。実はこの点には非常に重要な意味を含んでいるにも関わらず、明確に指摘されてこなかったと言わざるをえない。つまり、ＪＶは構成員各社が自社の会計責任を果たせるよう適切な会計報告を行う責務がある。単に民法上の組合であるＪＶでは、会計報告は構成会社各社が行いますではなく、会計報告を行うことができるような適切な財務諸表の作成と報告を行うことが義務付けられているのである。つまり、決算期が到来した構成会社各社へ該当決算期末でのＪＶの財政状態を正確に報告できる手段を持たなければならない。

基本的にＪＶが独立した会計主体であるためには、工事の工期を会計期間とみなした財務諸表を維持し続ける必要があるだけではなく、工事引渡し後の構成会社各社の共同責任となりうる瑕疵工事等の発生にも備え、帳簿を閉じることなく保持しなければならない。また、構成会社各社の決算基準、各決算期に対応できるように適切な月次決算を行い、各社それぞれの収益計上基準、決算期に対応可能できるようにする。特にＪＶはそれ自体が事業体であるため損益だけでなく、様々な資産負債が発生する。それらは全て構成会社各社に帰属するものであることを忘れてはならない。

(3)　独立会計方式の概念

ＪＶ工事において独立会計方式を採用するということは、一言で言えば、独自の会計単

位を設定するということである。この方式によれば、結果として、当該ＪＶ工事の総体としての実態が、会計情報としてアウトプットされることとならなければならない。すなわち、ＪＶの財務諸表（貸借対照表、損益計算書等）が得られる会計組織を維持するということであり、工事の進行過程においては、当然のことながら、逐次、試算表を作成できる仕組みということになる。

　これによって、ＪＶ工事の予算管理、原価管理、会計管理等の一般的なマネジメントが実行可能となる。また、ＪＶ工事に参加する構成員に対して、適時の会計情報の開示が可能となり、ＪＶ会計による公正性、明瞭性を確保することができる。さらには、構成員の不慮の退出に伴う混乱を最小のものとする役立ちも期待される。

　ＪＶ独立会計方式の概念を図示すると次のようになる。

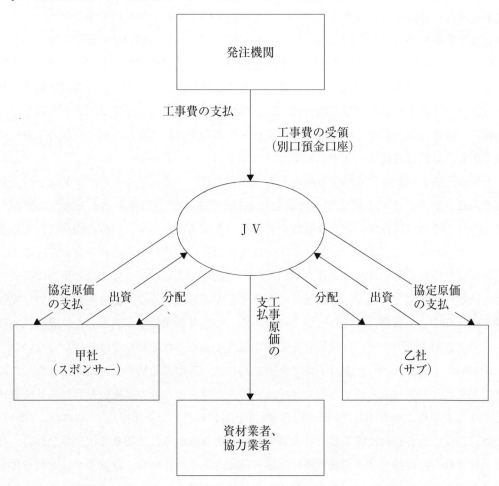

　工事の発注機関は共同企業体（ＪＶ）に対して工事を発注する。ＪＶには法人としての実体がないため、構成員内の幹事会社となる代表者名で契約すると共に、共同企業体協定書を付して構成会社の共同責任と責任割合を約する。工事費はＪＶとして受領することに

なる。

　ＪＶは共同で施工するため、必要な仕入、購買に関しては、ＪＶとして仕入業者、協力業者と契約しなければならない。仕入、購買に必要となる資金はＪＶから構成会社各社へ、共同企業体協定書に基づく責任割合（これを出資割合という）で請求し、出資として受け入れる。また、工事運営で生じた構成会社各社が個々に負担した現場経費等の原価、ＪＶへ出向した社員の協定給与等は定期的にＪＶに対して請求を行う。ＪＶはこれらの仕入、購買、構成会社各社からの請求に対して、出資金から支払いを行う。

　発注機関より受領した工事費は速やかに出資割合で構成会社各社へ分配する。分配せず仕入、購買の支払いへ充当する場合もある。ＪＶ構成会社間の協議により出資および分配を一切せずにスポンサーが資金を立て替えるスポンサー立替方式も増えている。この場合でも月々の出資と分配の額を明示し、ＪＶと発注機関および構成会社との債権債務を明らかにすべきことは言うまでもない。

　ＪＶと構成会社間での帳簿と各科目による会計上の関連を次の図で示す。ＪＶと構成会社は会計の取引で有機的に結合し、同期の取れた状態になっていることが求められる。工事収益と工事原価は各々純粋に結合し、例えば、工事原価は出資金を通して同期がされ、構成会社各社の出資金の合計（消費税が含まれる）はＪＶの未成工事支出金と消費税の合計と同額となる。同様に工事収益は取下配分金を通してのみ分配される。ＪＶで発生した工事原価に関わらない費用や収益は取下金や出資金とは分けて分配ないし負担を求めなければならない。個々の会計上の結合と同期については図の説明を参照されたい。

ＪＶと構成会社のあるべき帳簿体系

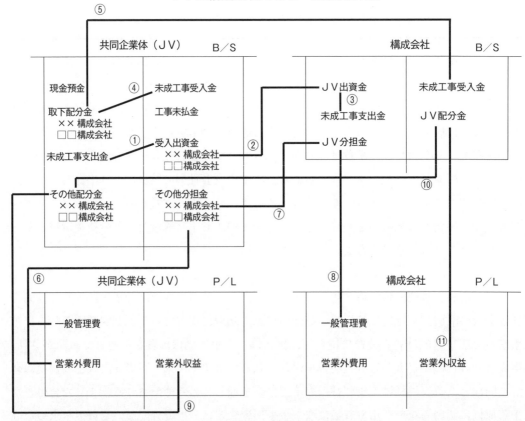

① 発生した未成工事支出金は、その原資を出資金として構成会社へ請求し、受入出資金として受け入れる。

② 構成会社各社は、請求された出資金をＪＶ出資金として計上する。

③ ＪＶの報告に基づき月次決算等により適宜ＪＶ出資金を未成工事支出金へ振り替える。

④ 発注機関等から受け入れた工事費は取下配分金を通して構成会社へ配分する。

⑤ 構成会社各社は、配分された工事費を未成工事受入金として計上する。

⑥ ＪＶにて工事原価とならない一般経費や営業外費用が発生した場合には、出資金と別立てで構成会社へ請求し、その他分担金として原資を受け入れる。

⑦ 構成会社各社は⑥で拠出した資金をＪＶ分担金として拠出する。

⑧ 構成会社各社は各自決算時に該当する費用へ計上する。

⑨ ＪＶにて工事収益とならない営業外収益が発生した場合には、取下配分金と別立てでその他配分金を通して構成会社へ配分する。

⑩ 構成会社各社は⑨で受け入れた資金をＪＶ配分金として計上する。

⑪ 構成会社各社は各自決算時に該当する収益へ計上する。

⑷　独立会計方式の会計処理

　ＪＶの独立会計方式について、次の３つのケースを想定して、具体的な会計処理（仕訳）をもって解説する。両者に共通するケースの基礎条件は次のとおり。

【ケースの基礎条件】

```
１．ＪＶの構成会社　甲社（スポンサー企業）　出資割合　60％
　　　　　　　　　　　乙社（サブ企業）　　　　出資割合　40％

　　会計期間は両社とも１年間、決算期は同一とする。
２．ＪＶ工事の内容
　　　工事費（契約金額）　10,000千円
　　　工事原価　　　　　　 8,000千円
　　　工事総利益　　　　　 2,000千円
　（注）消費税は考慮しない。
　　　　ＪＶにおいて発生した取引は、各構成員に直ちに通知する。
```

【取　引：ケース１】

　ケース１は、手形による支払いは行わず、前受金は構成員に分配しない等のケースを想定している。

```
①ＪＶで使用する普通預金口座を開設した。
②発注機関より工事に係る前受金3,000千円を受け取った。なお、構成員への分配は
　行わない。
③工事原価8,000千円が発生した。
④上記③の原価を支払うため、前受金で充当できない分につき構成員各社へ出資の請
　求をした。
⑤上記④の出資金が振り込まれた。
⑥上記③の対価を支払った。
⑦工事が完成し、発注者へ引き渡した。これに伴いＪＶの決算を行った。
⑧工事費（契約金額）のうち残額が入金され、構成員に分配した。
```

【仕　訳】

①ＪＶで使用する普通預金口座を開設した。

ＪＶ	仕訳なし
甲社	仕訳なし
乙社	仕訳なし

発注者からの工事代金の受入れ、各構成員からの出資金の入金、取引業者に対する支払いなどの資金取引は預金口座から行われるため、まず、預金口座の開設が必要となる。この際、ＪＶ財産をスポンサーの財産と明確に分けるため、ＪＶの名称を冠した代表者名義の預金口座としなければならない。

なお、公共工事に係る前受金の受入は、別口普通預金口座に限られている。

②発注機関より工事に係る前受金3,000千円を受け取った。なお、構成員への分配は行わない。

ＪＶ	普通預金	3,000	未成工事受入金	3,000
甲社	ＪＶ出資金	1,800	未成工事受入金	1,800
乙社	ＪＶ出資金	1,200	未成工事受入金	1,200

発注機関より前受金3,000千円を受け取った時は、ＪＶは未成工事受入金として記録する。この例では、資金の分配は行わないが、発生する原価に備えて支払い資金として充当することとなるため、ＪＶへの出資と同等となる。

この時点で構成員各社はＪＶへ出資したこととなるため、借方科目は「ＪＶ出資金」とする。この取引については、ＪＶ構成員間で金銭の授受がなくてもＪＶと構成員間の債権債務関係を明確にするため必要となるものである。

実務上は、ＪＶから各構成員へ宛てて取下配分報告書を作成し、工事代金の受領と出資金への充当を報告する必要がある。

③工事原価8,000千円が発生した。

ＪＶ	未成工事支出金	8,000	工事未払金	8,000
甲社	未成工事支出金	4,800	工事未払金	4,800
乙社	未成工事支出金	3,200	工事未払金	3,200

工事原価8,000千円が発生した時、ＪＶは未成工事支出金と工事未払金を計上する。構成員各社は、ＪＶからの報告に基づき出資割合に応じた工事原価を負担する。

④上記③の原価を支払うため、前受金で充当できない分につき構成員各社へ出資の請求をした。

ＪＶ	未収出資金	5,000	甲社出資金 乙社出資金	3,000 2,000
甲社	仕訳なし			
乙社	仕訳なし			

工事原価の支払いは支払発生月以降の月末となることが多いため、未収出資金を計上する。

ＪＶ	普通預金	5,000	未収出資金	5,000
甲社	ＪＶ出資金	3,000	普通預金	3,000
乙社	ＪＶ出資金	2,000	普通預金	2,000

構成員各社は、ＪＶからの請求を受けて、持分相当額の出資金を支払う。

⑥上記③の対価を支払った。

ＪＶ	工事未払金	8,000	普通預金	8,000
甲社	工事未払金	4,800	ＪＶ出資金	4,800
乙社	工事未払金	3,200	ＪＶ出資金	3,200

構成員各社は、ＪＶからの報告に基づき工事未払金を減少させる。

⑦工事が完成し、発注者へ引き渡した。

ＪＶ	完成工事原価	8,000	未成工事支出金	8,000
	未成工事受入金	3,000	完成工事高	10,000
	完成工事未収入金	7,000		
甲社	完成工事原価	4,800	未成工事支出金	4,800
	未成工事受入金	1,800	完成工事高	6,000
	完成工事未収入金	4,200		
乙社	完成工事原価	3,200	未成工事支出金	3,200
	未成工事受入金	1,200	完成工事高	4,000
	完成工事未収入金	2,800		

構成員各社は、ＪＶからの報告を受けて、出資割合に応じた完成工事高および完成工事原価を計上する。

（注）ＪＶの完成工事高の計上額

ＪＶの完成工事高については、その完成時期の問題と完成工事の計上金額の問題がある。工事の完成時期については、個別の工事とＪＶ工事に何ら相違はない。ただし、各構成員の完成工事高計上基準には完成工事基準と工事進行基準があり異なる場合、また、構成員各社の決算期が異なっている場合には、スポンサー会社は組合の代表として適切な財務情報を迅速に提供する責務が生じる。

ＪＶの完成工事高の計上額については、出資割合（持分）に応じた金額を計上することと決められている（「共同企業体により施工した工事については、共同企業体全体の完成

工事高に出資の割合を乗じた額又は分担した工事額を計上する。」（建設業法施行規則、別記様式勘定科目分類、完成工事高））。ＪＶ工事の場合、各構成員は、対等の立場に立って工事を施工し、出資割合に応じた工事量を施工するものであるからその工事量に対応した完成工事高を計上するのが適正な会計処理である。また、分担施工方式のＪＶについては、その施工した部分の完成工事高を計上することになる。

⑧ＪＶの決算を行った。

ＪＶ	ＪＶ損益	8,000	完成工事原価	8,000
	完成工事高	10,000	ＪＶ損益	10,000
	ＪＶ損益	2,000	甲社出資金	1,200
			乙社出資金	800
甲社	仕訳なし			
乙社	仕訳なし			

　ＪＶで計上した収益・費用を「ＪＶ損益」勘定に振り替える。ＪＶ損益勘定の残高は各構成員の出資割合に応じて、「○○社出資金」として処理しておく。

⑨工事費（契約金額）のうち残額が入金され、構成員へ分配した。

ＪＶ	普通預金	7,000	完成工事未収入金	7,000
	甲社出資金	4,200	普通預金	7,000
	乙社出資金	2,800		
甲社	普通預金	4,200	完成工事未収入金	4,200
乙社	普通預金	2,800	完成工事未収入金	2,800

　以上の仕訳をＪＶ、甲社、乙社の各総勘定元帳で示すと以下のとおりである。

【ＪＶの総勘定元帳】

普通預金

②未成工事受入金	3,000	⑥工事未払金	8,000
⑤未収出資金	5,000	⑨諸口	7,000
⑨完成工事未収入金	7,000		
	15,000		15,000

未成工事受入金

| ⑦完成工事高 | 3,000 | ②普通預金 | 3,000 |

未成工事支出金

| ③工事未払金 | 8,000 | ⑦完成工事原価 | 8,000 |

工事未払金

| ⑥普通預金 | 8,000 | ③未成工事支出金 | 8,000 |

未収出資金

| ④諸口 | 5,000 | ⑤普通預金 | 5,000 |

甲社出資金

⑨普通預金	4,200	④未収出資金	3,000
		⑧ＪＶ損益	1,200
	4,200		4,200

乙社出資金

⑨普通預金	2,800	④未収出資金	2,000
		⑧ＪＶ損益	800
	2,800		2,800

完成工事原価

| ⑦未成工事支出金 | 8,000 | ⑧ＪＶ損益 | 8,000 |

完成工事高

| ⑧ＪＶ損益 | 10,000 | ⑦諸口 | 10,000 |

完成工事未収入金

| ⑨完成工事高 | 7,000 | ⑪普通預金 | 7,000 |

JV損益

⑧完成工事原価	8,000	⑧完成工事高	10,000
⑧諸口	2,000		
	10,000		10,000

【JVの損益計算書】

JV損益計算書

完成工事原価	8,000	完成工事高	10,000
JV工事利益	2,000		
	10,000		10,000

【甲社のJV関係総勘定元帳】

普通預金

⑨完成工事未収入金	4,200	⑤JV出資金	3,000

未成工事受入金

⑦完成工事高	1,800	②JV出資金	1,800

未成工事支出金

③工事未払金	4,800	⑦完成工事原価	4,800

工事未払金

⑥JV出資金	4,800	③未成工事支出金	4,800

JV出資金

②未成工事受入金	1,800	⑥工事未払金	4,800
⑤普通預金	3,000		

完成工事原価

⑦未成工事支出金	4,800		

完成工事高

| | | ⑦諸口 | 6,000 |

完成工事未収入金

| ⑦完成工事高 | 4,200 | ⑨普通預金 | 4,200 |

【甲社のＪＶ関係残高試算表および損益計算書】

甲社　　　　　　　　　ＪＶ残高試算表（T/B）

借　　方	科　　目	貸　　方
1,200	普通預金	
	完成工事高	6,000
4,800	完成工事原価	
6,000		6,000

甲社　　　　　　　　　ＪＶ損益計算書

完成工事原価	4,800	完成工事高	6,000
ＪＶ工事利益	1,200		
	6,000		6,000

【乙社のＪＶ関係総勘定元帳】

普通預金

| ⑨完成工事未収入金 | 2,800 | ⑤ＪＶ出資金 | 2,000 |

未成工事受入金

| ⑦完成工事高 | 1,200 | ②ＪＶ出資金 | 1,200 |

未成工事支出金

| ③工事未払金 | 3,200 | ⑦完成工事原価 | 3,200 |

工事未払金

⑥JV出資金	3,200	③未成工事支出金	3,200

JV出資金

②未成工事受入金	1,200	⑥工事未払金	3,200
⑤普通預金	2,000		

完成工事原価

⑦未成工事支出金	3,200		

完成工事高

		⑦諸口	4,000

完成工事未収入金

⑦完成工事高	2,800	⑨普通預金	2,800

【乙社のJV関係残高試算表および損益計算書】

乙社　　　　　　　　　　　　JV残高試算表（T/B）

借　　方	科　　目	貸　　方
800	普通預金	
	完成工事高	4,000
3,200	完成工事原価	
4,000		4,000

乙社　　　　　　　　　　　　JV損益計算書

完成工事原価	3,200	完成工事高	4,000
JV工事利益	800		
	4,000		4,000

【取引：ケース2】

ケース2は、ＪＶの実務慣行を考慮して、スポンサーが一括して手形を発行し、前受金は構成員に分配する等のケースを想定している。

①ＪＶで使用する当座預金口座を開設した。

②発注機関より工事に係る前受金3,000千円を受け取った。

③上記②の前受金を各構成員に分配した。

④工事原価8,000千円が発生した。ＪＶはこの原価に対して各構成員へ出資の請求をした。

⑤上記④の原価のうち6,000千円を支払うため、構成員各社が出資した。

⑥ＪＶは上記④の対価のうち6,000千円について、普通預金から支払った。

⑦上記④の原価のうち2,000千円について、スポンサーが約束手形により、一括して支払った。

⑧上記⑦の手形が満期をむかえるにあたり、サブは現金により出資した。

⑨上記⑧の手形が決済された。

⑩工事が完成し、発注者に引き渡した。

⑪ＪＶの決算を行った。

⑫請負代金のうち残額が入金され、構成員に分配した。

⑬ＪＶで使用した口座を解約し、預金利息300千円を受け取り各構成員に分配した。

【仕 訳】

①ＪＶで使用する当座預金口座を開設した。

ＪＶ	仕訳なし
甲社	仕訳なし
乙社	仕訳なし

発注者からの工事代金の受け入れ、各構成員からの出資金の入金、取引業者に対する支払いなどの資金取引は預金口座から行われるため、まず預金口座の開設が必要となる。この際、ＪＶの財産をスポンサーの財産と明確に分けるためＪＶの名称を冠した代表者名義の預金口座としなければならない。

②発注機関より工事に係る前受金3,000千円を受け取った。

※なお、公共工事に係る前受金の受入については、当該工事の別口普通預金口座を開設しなければならない。

ＪＶ	当座預金	3,000	未成工事受入金	3,000

甲社	仕訳なし
乙社	仕訳なし

前受金3,000千円を受け取った時は、ＪＶとして記録し、直接構成員各社は記帳しない。ケース１のように、本来はこの時点で構成員も未成工事受入金を計上するが、ケース２では、分配が行われるため、実際に構成員が受け取る時点（次の③）で計上する。

③上記②の前受金を各構成員に分配した。

ＪＶ	甲社出資金 乙社出資金	1,800 1,200	現金預金	3,000
甲社	現金預金	1,800	未成工事受入金	1,800
乙社	現金預金	1,200	未成工事受入金	1,200

ＪＶが、構成員に分配したときに初めて構成員が記帳する。ＪＶと各構成員との債権債務関係は「○○社出資金」勘定を使用する。甲社・乙社は一旦ＪＶを通して発注者から工事の前受金を受け取ったことになるので、ＪＶの持分相当額を「未成工事受入金」勘定を使って処理する。

④工事原価8,000千円が発生した。ＪＶはこの原価に対して各構成員へ出資の請求をした。

ＪＶ	未成工事支出金	8,000	工事未払金	8,000
甲社	未成工事支出金	4,800	工事未払金	4,800
乙社	未成工事支出金	3,200	工事未払金	3,200

工事原価8,000千円が発生した時、ＪＶは未成工事支出金と工事未払金を計上する。また、同時に各構成員に持分相当額を請求する。各構成員はＪＶからの請求を受けて、持分相当額の未成工事支出金と工事未払金を計上する。

⑤上記④の原価のうち6,000千円を支払うため、構成員各社が出資した。

ＪＶ	現金預金	6,000	甲社出資金 乙社出資金	3,600 2,400
甲社	ＪＶ出資金	3,600	現金預金	3,600
乙社	ＪＶ出資金	2,400	現金預金	2,400

各構成員からの出資金は、「○○社出資金」勘定を使用する。

⑥ＪＶは上記④の対価のうち6,000千円について、普通預金から支払った。

ＪＶ	工事未払金	6,000	現金預金	6,000

甲社	工事未払金	3,600	ＪＶ出資金	3,600
乙社	工事未払金	2,400	ＪＶ出資金	2,400

⑦上記④の原価のうち2,000千円について、スポンサーが約束手形により一括して支払った。

ＪＶ	工事未払金	2,000	甲社出資金	1,200
			乙社出資金	800
甲社	工事未払金 立替金（乙社）	1,200 800	支払手形	2,000
乙社	仕訳なし			

　甲社が一括して手形を振り出し、ＪＶの債務を支払ったため、甲社は乙社の出資金を立て替えたこととなる。

⑧上記⑦の手形が満期をむかえるにあたり、サブは現金により出資した。

ＪＶ	仕訳なし			
甲社	現金預金	800	立替金（乙社）	800
乙社	工事未払金	800	現金預金	800

　乙社からＪＶへの出資取引であるが、実際は、甲社が立て替えていた乙社の出資金の精算処理であるため、ＪＶにおいては仕訳を行わない。

　また、乙社はこの出資の時点で工事未払金の減少を記帳する。

⑨上記⑧の手形が決済された。

ＪＶ	仕訳なし			
甲社	支払手形	2,000	現金預金	2,000
乙社	仕訳なし			

（注）ＪＶにおける手形での支払い方法は、実務上、次のようなケースもある。

ア　サブが持分相当額の手形を振り出し、それをスポンサーが預り、スポンサーが全額を取引先に振り出す

イ　スポンサー・サブそれぞれが持分相当額を取引先に振り出す

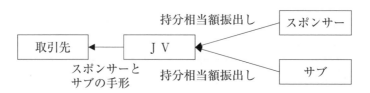

ウ　スポンサーの手形とサブから受け取った手形を裏書して取引先に振り出す

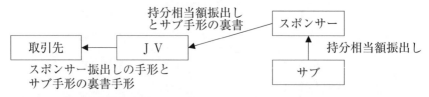

⑩工事が完成し、発注者に引き渡した。

JV	完成工事原価	8,000	未成工事支出金	8,000
	未成工事受入金	3,000	完成工事高	10,000
	完成工事未収入金	7,000		
甲社	仕訳なし			
乙社	仕訳なし			

　工事が完成したため、JVで完成工事高、完成工事原価、完成工事未収入金の仕訳を行う。

　工事の完成に係る仕訳（⑩）とJVの決算に係る仕訳（⑪）は同時に行われることが多いが、ここでは説明を明瞭にするため、あえて分けて解説した。

⑪JVの決算を行った。

JV	完成工事高	10,000	完成工事原価	8,000
	（甲社完成工事高	6,000）		
	（乙社完成工事高	4,000）		
	甲社出資金	3,000	未払分配金	7,000
	乙社出資金	2,000		
甲社	完成工事原価	4,800	未成工事支出金	4,800
	未成工事受入金	1,800	完成工事高	6,000
	完成工事未収入金	4,200		
乙社	完成工事原価	3,200	未成工事支出金	3,200
	未成工事受入金	1,200	完成工事高	4,000
	完成工事未収入金	2,800		

（注）　JVの完成工事高の計上額

　JVの完成工事高については、その完成時期の問題と完成工事の計上金額の問題があ

る。工事の完成時期については、個別の工事とＪＶ工事に何ら相違はない。ただし、各構成員の完成工事高計上基準には工事完成基準と工事進行基準があり異なる場合がある。また、構成員各社の決算期が異なっている場合には、特にサブ会社にとっては、いかにして自社の決算にとって有用なＪＶの会計データを迅速に入手するかが重要な問題となる。この点に関しては、ＪＶの会計情報の明瞭開示が必要となる（3．信頼・協調の確保に関する会計的考慮、P.42以下参照）。

　ＪＶの完成工事高の計上額については、出資割合（持分）に応じた金額を計上することと決められている（「共同企業体により施工した工事については、共同企業体全体の完成工事高に出資の割合を乗じた額又は分担した工事額を計上する。」（建設業法施行規則、別記様式勘定科目の分類、完成工事高））。ＪＶ工事の場合、各構成員は、対等の立場に立って工事を施工し、出資割合に応じた工事量を施工するものであるからその工事量に対応した完成工事高を計上するのが適正な会計処理である。また、分担施工方式のＪＶについては、その施工した部分の完成工事高を計上することになる。

⑫請負代金のうち残額が入金され、構成員に分配した。

ＪＶ	現金預金	7,000	完成工事未収入金	7,000
	未払分配金	7,000	現金預金	7,000
	（甲社分配金	4,200）		
	（乙社分配金	2,800）		
甲社	現金預金	4,200	完成工事未収入金	4,200
乙社	現金預金	2,800	完成工事未収入金	2,800

⑬ＪＶで使用した口座を解約し、預金利息300千円を受け取り各構成員に分配した。

ＪＶ	現金預金	240	受取利息	300
	仮払源泉税	60		
	受取利息	300	現金預金	240
			仮払源泉税	60
甲社	現金預金	144	受取利息	180
	仮払源泉税	36		
乙社	現金預金	96	受取利息	120
	仮払源泉税	24		

以上の仕訳をＪＶ、甲社、乙社の各総勘定元帳で示すと以下のとおりである。

【ＪＶの総勘定元帳】

現金預金

②未成工事受入金	3,000	③甲社出資金	1,800
⑤甲社出資金	3,600	③乙社出資金	1,200
⑤乙社出資金	2,400	⑥工事未払金	6,000
⑫完成工事未収入金	7,000	⑫未払分配金	7,000
⑬受取利息	240	⑬受取利息	240
	16,240		16,240

未成工事受入金

⑩完成工事高	3,000	②現金預金	3,000

甲社出資金

③現金預金	1,800	⑤現金預金	3,600
⑪諸口	3,000	⑦工事未払金	1,200
	4,800		4,800

乙社出資金

③現金預金	1,200	⑤現金預金	2,400
⑪諸口	2,000	⑦工事未払金	800
	3,200		3,200

未成工事支出金

④工事未払金	8,000	⑩完成工事原価	8,000

工事未払金

⑥現金預金	6,000	④未成工事支出金	8,000
⑦甲社出資金	1,200		
⑦乙社出資金	800		
	8,000		8,000

完成工事原価

| ⑩未成工事支出金 | 8,000 | ⑪諸口 | 8,000 |

完成工事高

⑪諸口	10,000	⑩未成工事受入金	3,000
		⑩完成工事未収入金	7,000
	10,000		10,000

完成工事未収入金

| ⑩完成工事高 | 7,000 | ⑫現金預金 | 7,000 |

未払分配金

| ⑫現金預金 | 7,000 | ⑪諸口 | 7,000 |

受取利息

⑬現金預金	240	⑬現金預金	240
⑬仮払源泉税	60	⑬仮払源泉税	60
	300		300

仮払源泉税

| ⑬受取利息 | 60 | ⑬受取利息 | 60 |

【JVの損益計算書】

JV損益計算書

完成工事原価	8,000	完成工事高	10,000
JV工事利益	2,300	受取利息	300
	10,300		10,300

【甲社のＪＶ関係総勘定元帳】

現金預金

③未成工事受入金	1,800	⑤ＪＶ出資金	3,600
⑧立替金	800	⑨支払手形	2,000
⑫完成工事未収入金	4,200		
⑬受取利息	144		

ＪＶ出資金

⑤現金預金	3,600	⑥工事未払金	3,600

未成工事受入金

⑪完成工事高	1,800	③現金預金	1,800

未成工事支出金

④工事未払金	4,800	⑪完成工事原価	4,800

工事未払金

⑥ＪＶ出資金	3,600	④未成工事支出金	4,800
⑦支払手形	1,200		

立替金

⑦支払手形	800	⑧現金預金	800

支払手形

⑨現金預金	2,000	⑦諸口	2,000

完成工事原価

⑪未成工事支出金	4,800		

完成工事高

	⑪未成工事受入金	1,800
	⑪完成工事未収入金	4,200

完成工事未収入金

⑪完成工事高	4,200	⑫現金預金	4,200

受取利息

	⑬現金預金	144
	⑬仮払源泉税	36

仮払源泉税

⑬受取利息	36

【甲社のＪＶ関係残高試算書および損益計算書】

　ＪＶ工事に係る損益等は、個別受注した工事とともに合算され試算表等が作成されるが、当該ＪＶ工事のみを抜き出して試算表及び損益計算書を作成すれば次のとおりとなる。

甲社　　　　　　　　　　　　ＪＶ残高試算表（T/B）

借　　　方	科　　目	貸　　　方
1,344	現金預金	
	完成工事高	6,000
4,800	完成工事原価	
	受取利息	180
36	仮払源泉税	
6,180		6,180

甲社		JV損益計算書	
完成工事原価	4,800	完成工事高	6,000
JV工事利益	1,380	受取利息	180
	6,180		6,180

【乙社のJV関係総勘定元帳】

現金預金

③未成工事受入金	1,200	⑤JV出資金	2,400
⑫完成工事未収入金	2,800	⑧工事未払金	800
⑬受取利息	96		

JV出資金

⑤現金預金	2,400	⑥工事未払金	2,400

未成工事受入金

⑪完成工事高	1,200	③現金預金	1,200

未成工事支出金

④工事未払金	3,200	⑪完成工事原価	3,200

工事未払金

⑥JV出資金	2,400	④未成工事支出金	3,200
⑧現金預金	800		

完成工事原価

⑪未成工事支出金	3,200		

完成工事高

		⑪未成工事受入金	1,200
		⑪完成工事未収入金	2,800

完成工事未収入金

⑪完成工事高	2,800	⑫現金預金	2,800

受取利息

		⑬現金預金	96
		⑬仮払源泉税	24

仮払源泉税

⑬受取利息	24		

【乙社のＪＶ関係残高試算表および損益計算書】

　ＪＶ工事に係る損益等は、個別受注した工事とともに合算され試算表等が作成されるが、当該ＪＶ工事のみを抜き出して試算表及び損益計算書を作成すれば次のとおりとなる。

乙社　　　　　　　　　　　　ＪＶ残高試算表（T/B）

借　　方	科　　目	貸　　方
896	現金預金	
	完成工事高	4,000
3,200	完成工事原価	
	受取利息	120
24	仮払源泉税	
4,120		4,120

乙社　　　　　　　　　　　　ＪＶ損益計算書

完成工事原価	3,200	完成工事高	4,000
ＪＶ工事利益	920	受取利息	120
	4,120		4,120

３．信頼・協調の確保に関する会計的考慮

⑴　協議・決定の基本

　ＪＶ工事においては、構成員相互の信頼と協調の確保のために、ＪＶ運営に係る基本的かつ重要な事項のすべてを「運営委員会」において協議・決定しなければならない。したがって、ＪＶ会計制度についても、運営委員会での協議・決定の基本原則を維持しながら、細部等の個別の取決めについては、「経理取扱規則」において明示することが肝要である。

　「経理取扱規則」に定める基本的な事項は、次のようなものである（建設省経振発第52号「共同企業体運営指針について」平成元年５月16日）。

- ａ．経理処理担当構成員
- ｂ．経理部署の所在場所
- ｃ．会計期間
- ｄ．会計記録の保存期間
- ｅ．勘定科目及び帳票書類に関する事項
- ｆ．決算及び監査に関する事項
- ｇ．資金の出資方法及び期間に関する事項
- ｈ．前払金等の取扱いに関する事項
  - 注．前払金の取扱いについては、「出資の割合に基づき分配する方法と共同企業体の前払金専用口座に留保する方法があり、各構成員間の協議によりどちらの方法をとるかを決定し、前払金の適正な使用を確保すること」が、国土交通省建設振興課の通達として発せられている。（国総振第165号「甲型共同企業体標準協定書の見直しについて」平成14年３月29日）
- ｉ．下請代金等の支払に関する事項
- ｊ．工事代金の請求に関する事項
- ｋ．取扱金融機関に関する事項
  - 注．本事項については特に、標準協定書第11条において、「当企業体の取引金融機関は、○○銀行とし、同共同企業体の名称を冠した代表者目義の別口預金口座によって取引するものとする。」とすべきことが求められている。（国総振第165号「甲型共同企業体標準協定書の見直しについて」平成14年３月29日）
- ｌ．会計報告に関する事項
- ｍ．原価算入費用及び各構成員が負担すべき費用に関する事項

　ＪＶを構成する形態には、近年、経常ＪＶも含めた多様なものが現れており、具体的な取決めの内容も特別なものが協議される場合がある。これらは、重要なものは協定書に、

細部のものは経理取扱規則に明示することが大切である。

(2)　会計情報の明瞭開示

　ＪＶの会計処理が独立会計方式によって処理される基本原則に加え、ＪＶ会計が構成員間において信頼が高いものとして尊重されるべき第2の課題は、その明瞭開示の問題である。

　ＪＶ会計が構成員のすべてにとって開かれたものとするためには、次の諸点が不可欠である。

ア．原則として月1回程度の頻度において、構成員に対する会計報告を定期的に実施する。会計報告の中心は、独立会計方式に基づく「試算表」である。

イ．構成員は、各自の都合によりＪＶに関する会計情報および資料を必要とすることがある。経理処理担当構成員（通常はスポンサー）は、構成員の求めに応じて、随時、会計情報の開示を実施しなければならない。構成員の都合には、決算、工事進行基準の適用、税務調査などがある。

ウ．工事の進行過程においては、もっぱら工事原価に係る支払の適正性が確保されなければならない。したがって、原価支払明細およびその関連証憑については、その写しが作業所等の構成員共通の場所に保管され、構成員が常時閲覧できる態勢を確保しておくことが肝要である。

エ．実績会計データに加え、実行予算執行状況、損益予測等については、適時に構成員に報告するとともに、適正かつ効率的な運営が促進されるよう、構成員間の十分な協議が不可欠である。

(3)　スポンサーシステム活用時の留意点

　近年におけるコンピュータの普及と会計組織のシステム化に伴い、各企業で実践される一般的な会計システムは、各社固有の創意と工夫により電算化され合理化されている。

　元々、ＪＶの会計においても、独自の会計単位を設定すべき独立会計方式を基本としながらも、効率性等の観点からスポンサー会社の電算システムを適宜活用することを認めている（建設省経振発第52号「共同企業体運営指針について」平成元年5月16日）。その傾向は、さらに進展しつつあるものと推測される。

　ところで、ここに言う「電算システムの活用」の形態がどのようなものであるかは、ＪＶ会計システムの如何とは直接関わりがないものと考える。すなわち、ＪＶについてスポンサー会社が、自社持分に関する部分のみを個別の会計システムに取り入れようと、管理会計的な観点も重視して、ＪＶ会計全体の管理部分と自社持分に係る部分とのいずれをも個別の会計システムに取り入れようと、それはスポンサー企業の個別会計システムの問題である。

　ＪＶの会計制度は、いずれにしても独立会計方式が基本であるから、ＪＶ工事の全体を

総覧する会計情報をアウトプットする会計システムが存在すればよい。

4．スポンサー企業の責務と会計

　ＪＶ工事が構成員会社相互の信頼と協調によって、円滑かつ適正な運営がなされることは前述したとおりであるが、実践上は、スポンサー会社の経営姿勢がＪＶ工事の適切な運営に大きく影響する。より積極的に言えば、スポーサー会社の的確なリーダーシップが、ＪＶ建設工事のあらたな運営システム構築の鍵を握っていると言って過言ではない。

　特に、近年、ゼネコンの経営悪化さらには経営破綻等の要因が、ＪＶ工事の適正な運営を阻害しているケースを目の当たりにすると、スポンサー会社のリーダーシップと責務を協調しておく必要を痛感する。

　スポンサー会社がＪＶ工事についてどのような会計システムを構築するかは、スポンサー会社に任されたところであり、各社各様の対応と推察する。常識的には、次のようなパターンがあると考えられる。

　ａ．自社の持分に該当する部分のみを自社の個別会計システムに取り込む方法

　　　この方法によれば、スポンサー会社の会計システムには、原則として自社に関わらないＪＶ会計部分が入り込まないので、通常は、そのまま自社の会計処理が成立する。

　ｂ．スポンサー会社がＪＶ全体を把握するために、ＪＶ会計のすべてを自社会計システムに取り込み、逐次、自社持分と他の構成員持分とを区分把握していく方法

　　　この場合には、スポンサー会社がＪＶの会計単位であるものと擬制するので、自社会計の整理において、個別の会計に取り入れるものでない項目との峻別が必要となる。

　ｃ．スポンサー会社がＪＶ全体を把握するために、ＪＶ会計のすべてを自社会計システムに取り込むことは、ｂと同様であるが、自社持分と他の構成員持分とを区分把握し、決算時等スポンサー会社の必要な時点において区分する方法

　　　この方法は、持分の区分把握が実施される前は、スポンサーの個別会計に関わらない部分が膨らみとして常時加わっているから、個別会計情報として留意すべき点が多い。

　ここであらためて注意することは、スポンサー会社がいずれの会計方法を採用していても、ＪＶの独立会計方式は確保されていなければならないことである。

　ａは、独立会計方式が十全に機能していることを前提とすれば、最も純粋なスポンサー会社のＪＶ関連の会計処理方法である。ＪＶへの参画およびスポンサー会社の任が比較的限られている場合や経常ＪＶのような場合には適切な方法であろう。

　bは、常時相当数のJVに関わり、しかもスポンサー会社としての責務を果さなければならない企業においては、自社においてJVの管理と個別会計の管理とを同時に一覧することができるので、スポンサー会社のJV会計システムとして、1つの役割を有していると言えよう。

　cは、JVの全体管理には適しているとも考えられるが、他方でJVの独立会計方式が採用されているから、スポンサー会社の会計処理としては適切でない。

　さて、JV会計の独立会計方式については、すでに詳細に解説してきたので、ここでは、上記bの方式によるスポンサー会社の会計処理方法を、参考として解説に加えておく（取引例は、前掲ケース2（37ページ）による）。

①JVで使用する普通預金口座を開設した。

甲社	仕訳なし

②発注機関より工事に係る前受金3,000千円を受け取った。

甲社	現金預金	3,000	未成工事受入金	1,800
			預り金（JV）	1,200

　スポンサーである甲社が発注者から工事代金の前受金を受け取ったときは、未成工事受入金に計上し、サブである乙社の持分相当額については「預り金」勘定で処理する。この際、通常の預り金と区別するため「JV預り金」などの勘定科目を使用する。

③上記②の前受金を各構成員に分配した。

甲社	預り金（JV）	1,200	現金預金	1,200

④工事原価8,000千円が発生した。JVはこの原価に対して各構成員へ出資の請求をした。

甲社	未成工事支出金	4,800	工事未払金	8,000
	立替金（JV）	3,200		

　工事代金が発生した場合には、工事未払金に計上し、サブである乙社の持分相当額については「立替金」勘定で処理する。この際、通常の預り金と区別するため「JV立替金」などの勘定科目を使用する。

⑤上記④の原価のうち6,000千円を支払うため、構成員が出資した。

甲社	現金預金	2,400	立替金（JV）	2,400

⑥JVは上記④の対価のうち6,000千円について、普通預金から支払った。

甲社	工事未払金	6,000	現金預金	6,000

⑦上記④の原価のうち2,000千円について、スポンサーが約束手形により一括して支払っ

た。

甲社	工事未払金	2,000	支払手形	2,000

⑧上記⑦の手形が満期をむかえるにあたり、サブは現金により出資した。

甲社	現金預金	800	立替金（ＪＶ）	800

⑨上記⑧の手形が決済された。

甲社	支払手形	2,000	現金預金	2,000

⑩工事が完成し、発注者に引き渡した。

甲社	完成工事原価	4,800	未成工事支出金	4,800
	未成工事受入金	1,800	完成工事高	6,000
	完成工事未収入金	4,200		

⑪ＪＶの決算を行った。

甲社	仕訳なし			

ＪＶ独自の決算、精算は生じない。

⑫請負代金のうち残額が入金され、構成員に分配した。

甲社	現金預金	7,000	完成工事未収入金	4,200
			預り金（ＪＶ）	2,800
	預り金（ＪＶ）	2,800	現金預金	2,800

⑬ＪＶで使用した口座を解約し、預金利息300千円を受け取り各構成員に分配した。

甲社	現金預金	240	受取利息	180
	仮払源泉税	60	預り金（ＪＶ）	120
	預り金（ＪＶ）	120	現金預金	96
			仮払源泉税	24

【甲社のＪＶ関係総勘定元帳】

現金預金

②未成工事受入金	1,800	③預り金（ＪＶ）	1,200
②預り金（ＪＶ）	1,200	⑥工事未払金	6,000
⑤立替金（ＪＶ）	2,400	⑨支払手形	2,000
⑧立替金（ＪＶ）	800	⑫預り金（ＪＶ）	2,800
⑫完成工事未収入金	4,200	⑬預り金（ＪＶ）	96
⑫預り金（ＪＶ）	2,800		
⑬諸　　　口	240		

未成工事受入金

⑩完成工事高	1,800	②現金預金	1,800

未成工事支出金

④工事未払金	4,800	⑩完成工事原価	4,800

預り金（ＪＶ）

③現金預金	1,200	②現金預金	1,200
⑫現金預金	2,800	⑫現金預金	2,800
⑬諸　　　口	120	⑬諸　　　口	120

工事未払金

⑥現金預金	6,000	④未成工事支出金	4,800
⑦支払手形	2,000	④立替金（ＪＶ）	3,200

立替金（ＪＶ）

④工事未払金	3,200	⑤現金預金	2,400
		⑧現金預金	800

支払手形

⑨現金預金	2,000	⑦工事未払金	2,000

完成工事原価

⑩未成工事支出金	4,800		

完成工事高

		⑩未成工事受入金	1,800
		⑩完成工事未収入金	4,200

完成工事未収入金

⑩完成工事高	4,200	⑫現金預金	4,200

受取利息

		⑬諸口	180

仮払源泉税

⑬諸口	60	⑬預り金（ＪＶ）	24

【甲社のＪＶ関係残高試算表および損益計算書】

ＪＶ工事に係る損益等は、個別受注した工事とともに合算され試算表等が作成されるが、当該ＪＶ工事のみを抜き出して試算表および損益計算書を作成すれば次のとおりとなる。

甲社　　　　　　　　　　ＪＶ残高試算表（T/B）

借　　方	科　　　目	貸　　方
1,344	現金預金	
	完成工事高	6,000
4,800	完成工事原価	
	受取利息	180
36	仮払源泉税	
6,180		6,180

甲社　　　　　　　　　　　ＪＶ損益計算書

完成工事原価	4,800	完成工事高	6,000
ＪＶ工事利益	1,380	受取利息	180
	6,180		6,180

Ⅳ　ＪＶの決算と監査

1．ＪＶの決算

⑴　決算の目的

　ＪＶ工事の決算は、原則としてＪＶ工事が完成したときに行われる。ＪＶ工事の決算の目的は、ＪＶの所有する全ての資産・負債を整理し、ＪＶによる損益を各構成員に配分することにある。

⑵　決算の流れ

　一般的なＪＶの決算処理は、以下のとおりである。

①未決算勘定の整理

　　仮払金、仮受金などの未精算勘定を全て整理する。

②残余資産の売却処分

　　残存する資材、機械などを運営委員会の承認を得て処分する。

③工事原価の確定

　　ＪＶの解散までに発生する見込みの原価を見積り、工事原価を確定する。

④財務諸表（決算書）の作成

　　ＪＶの財務諸表の様式には特に取決めはないが、構成員各社がそれぞれ決算に取り込むために必要な情報が記載されなければならない。一般的には、ＪＶの所長は工事竣工後決算事務に着手し、次に掲げる財務諸表を作成することになっている。

　　1．貸借対照表

　　2．損益計算書

　　3．完成工事原価報告書

　　4．これらの書類に係る附属明細書

　ＪＶ財務諸表の様式の一例を以下に示す。

①貸借対照表

貸借対照表

（令和〇年〇月〇日現在）

資産の部		負債の部	
完 成 工 事 未 収 入 金		工 事 未 払 金	
未 収 出 資 金		未 払 分 配 金	
未 収 入 金			
立 替 金			
合　　計		合　　計	

（注）　ＪＶの資産・負債は最終的には全て整理され、残高は生じないが、本例は工事施工中に貸借対照表を作成する場合の例である。

②損益計算書

損益計算書

（自　令和〇年〇月〇日　至　令和〇年〇月〇日）

完 成 工 事 高	
完 成 工 事 原 価	
完 成 工 事 総 利 益	
（工 事 利 益 率）	

③完成工事原価報告書

完成工事原価報告書

（自　令和○年○月○日　至　令和○年○月○日）

科　　　目	金　額（税　込　み）	消　　費　　税	原　　　価
材　　料　　費			
労　　務　　費			
外　　注　　費			
経　　　　　費			
合　　　　　計			

④ 附属明細書

材料費内訳

科　　　目	金　額（税　込　み）	消　　費　　税	原　　　価
木　　　　　材			
鋼　　　　　材			
セメント・土石			
そ　　の　　他			
合　　　　　計			

（注）　この他、外注費内訳、経費内訳等がある。

2．ＪＶの監査

(1)　ＪＶ監査の必要性

　ＪＶの財務諸表は必ず監査を受けなければならない。監査の目的は、ＪＶ決算内容と財務諸表に信頼性および透明性を付与するためである。ＪＶの決算は運営委員会で行われるが、実質的にはスポンサー会社により行われるため、サブ会社にとってその内容の適正性を窺い知ることはできない。また、工事発注者にとってもＪＶ会計の適切な処理と決算報告に基づく工事利益の分配は関心のあるところである。

(2)　監査人

　「共同企業体運営指針」は、ＪＶの適切な業務執行と適切な原価計算の実現を確保するため、原則として決算書（案）作成後、監査を行うこととしており、監査は構成員の中から選出された監査委員によって実施される。なお、監査人はある程度の会計・経理知識を有する者によって行われることが望ましい。

(3)　**監査の対象**

　監査の対象は、決算書（案）および全ての業務執行に関する事項についてである。その監査結果は決算の承認前に運営委員会に提出され、運営委員会はその監査結果を踏まえて決算を承認する。

(4)　**監査報告書**

　監査報告書は、全ての監査委員が監査結果を確認のうえ作成し運営委員会に提出する。その一般的記載内容は次のとおりである。

①監査報告書の提出先および日付

②監査方法の概要

③監査委員の署名捺印

④決算案等が法令等に準拠し作成されているかどうかについての意見

⑤決算案等が協定書その他共同企業体の規則等に定める事項にしたがって作成されているかどうかについての意見

⑥その他業務執行に関する意見

監査報告書のモデル（「モデル規則」による）

監査報告書

令和○年○月○日

○○共同企業体

運営委員会殿

監査委員

○○建設株式会社　　　○○

○○建設株式会社　　　○○

　当監査委員は○○共同企業体の令和○年○月○日から令和○年○月○日までの財務諸表すなわち貸借対照表、損益計算書、完成工事原価報告書および附属明細書について監査を実施した。

　監査の結果、上記の財務諸表は法令等に従い、かつ○○共同企業体協定書等に従って作成されており、適正であると認められた。

以上

ＪＶに係るＱ＆Ａ

１．ＪＶの組織

Ｑ１．ＪＶの構成員の数はどれくらいが適当ですか。

Ａ１.

　中央建設業審議会（国土交通大臣の諮問機関）では、ＪＶのあり方について調査審議を行い、その結果を「共同企業体の在り方について（昭和62年建設省中建審発第12号、最終改正：平成10年建設省中建審発第４号）」として建議しました。

　この中には、各々の発注機関が共同企業体運用基準を定めるにあたって準拠すべき基準である「共同企業体運用準則」が含まれており、ここでは、特定ＪＶの構成員は２ないし３社、経常ＪＶの構成員は２ないし３社程度、地域維持型ＪＶは円滑な共同施工が確保できる数とされています。

　各発注機関が策定する共同企業体運用基準においても、構成員数を２～３社で規定している自治体が多いようですが、中には５社程度まで認めているところもあります。

　なお、国土交通省直轄工事では、特定ＪＶは２または３社、経常ＪＶは原則２または３社とし、継続的な協業関係が確保され、円滑な共同施工に支障がないと認められるときは５社までとされています。地域維持型ＪＶについては、構成員数の上限は当面10社程度とされています。

Ｑ２．ＪＶ構成員の最低出資比率はどれくらいですか。

Ａ２.

　Ａ１で解説した「共同企業体運用準則」においては、ＪＶの最低出資割合が次のように定められています。

　　　２社の場合　30％

　　　３社の場合　20％

　各発注機関が策定する共同企業体運用基準においても、「共同企業体運用準則」と同様にしている場合が多いようです。

　なお、国土交通省直轄工事については、ＪＶにおける全ての構成員が、均等割の10分の６以上の出資比率であることを要件としています。

　この要件に基づくと、最低出資比率は次のとおりとなります。

　　　２社の場合　$100 \times 1/2 \times 6/10 = 30\%$

3社の場合　100×1/3×6/10＝20%

4社の場合　100×1/4×6/10＝15%

5社の場合　100×1/5×6/10＝12%

上記の最低出資割合は、特定ＪＶ、経常ＪＶにかかわらず、同様です。

なお、地域維持型ＪＶは、事業実施量等を勘案し柔軟に設定することとなっています。

Q3．ＪＶの構成員の脱退はどのように取り扱えばよいですか。

A3．

甲型ＪＶにおいては、発注者および構成員全員が承認した場合に限り、構成員は脱退することができます。

構成員の一部が脱退した場合には、残存構成員が共同して建設工事を完成する義務を負い、脱退構成員が脱退前に有していた出資割合は、残存構成員の出資割合に応じて分担され、残存構成員の当初の出資割合に加えられることとなります。

なお、乙型ＪＶにおいては、破産または解散した場合を除き、施工途中に構成員が脱退することはできません。破産または解散の場合は、残存構成員が共同連帯して、脱退構成員の分担工事を完成する義務を負います。

Q4．ＪＶの構成員の除名はどのように取り扱えばよいですか。

A4．

ＪＶにおいて、構成員のいずれかが工事途中において重要な義務の不履行を生じさせた場合やＪＶの業務執行にあたり不正な行為をした場合等に、発注者及び他の構成員全員の承認により、この構成員を除名することができます。

除名構成員に係る出資割合の取り扱いは、脱退の場合と同様に、除名構成員が除名前に有していた出資割合を、残存構成員が有している出資割合により分割します。

なお、2社で構成するＪＶにおいては、除名はできません。

Q5．ＪＶのスポンサーを変更するにはどのように取り扱えばよいですか。

A5．

スポンサーが脱退した場合および除名された場合やスポンサーとしての権限行使が適切に行えなくなった場合等には、発注者および他の構成員全員の承認により、従前のスポンサーに代えて残存構成員のいずれかをスポンサーとすることができます。

この場合においては、ＪＶに対する出資割合が最大である構成員をＪＶのスポンサーの条件としている発注機関がほとんどですので、スポンサーの変更に伴う出資割合の変更が必要となります。

出資割合の変更は、共同企業体協定書の一部変更となるため、運営委員会で十分に協議したうえで決定され、その旨を書面で発注者に通知しあらかじめ承諾を得ておく必要があります。

なお、スポンサーに出資割合の条件を付していない発注機関においては、脱退・除名を伴わないスポンサーの変更においては、特に出資割合を変更する必要がないことは言うまでもありません。

Q6．ＪＶの構成員のうち1社が更生手続や再生手続の開始を申立てた場合、どのような注意点がありますか。

A6．

ＪＶの構成員の一部が更生手続等の開始の申立てを行った場合には、当該ＪＶは次のとおり取り扱われます。

Ⅰ．開札前
　①公募型指名競争入札における経常ＪＶ
　　指名が行われないこととなります。
　②一般競争入札における経常ＪＶ
　　競争参加資格の確認が行われないこととなります。
　③公募型指名競争入札における特定ＪＶ
　　特定ＪＶとしての認定及び指名が行われないこととなります。
　④一般競争入札における特定ＪＶ
　　特定ＪＶとしての認定及び競争参加資格の確認が行われないこととなります。

Ⅱ．開札後契約書作成前
施工が可能であると判断されるときには契約書が作成され、不可能であると判断されるときには契約の解除が申し入れられ、再度入札が行われます。

Ⅲ．契約書作成後
施工が可能であると判断されるときには契約が継続され、不可能であると判断されるときには契約が解除されます。

また、更生手続等の開始の申立てを契約解除理由にしている場合においても、申立ての事実のみをもって形式的に契約を解除するのではなく、実質的に履行能力の有無を考慮して契約の継続が可能であるか判断することが望ましいとされています。

さらに、ＪＶの構成員間においても、申立ての事実のみをもって、構成員の除名・脱退を勧告するのではなく、当該構成員が義務を果たすことができるかどうかが実質的に判断されることを求めています。

２．ＪＶの運営

Ｑ１．ＪＶ結成にあたり、どのような書類を作成すればよいですか。

Ａ１.

　ＪＶは複数の建設会社が共同して工事を施工することを合意して設立されます。この合意は契約にあたり、それを書面にしたものが「共同企業体協定書」となります。

　なお、ＪＶが請負契約を締結する場合には、契約書にＪＶ協定書を添付することとなっていますので、共同企業体協定書は「ＪＶの請負契約の一部」、「請負契約の内容として発注者とＪＶあるいは構成員間の契約関係」をも規定することとなります。

　また、ＪＶの運営に関する基本的かつ重要な事項を協議決定する最高意思決定機関である「運営委員会」を設け、次のような規則を定めておき、構成員間の信頼と協調が損なわれることがないようにしておくことが必要です。

①運営委員会規則　　ＪＶの最高意思決定機関としての位置付けとその機能の定め

②施工委員会規則　　工事の施工に関する事項の協議決定機関としての位置付けとその機能の定め

③経理取扱規則　　経理処理、費用負担、会計報告等に関する定め

④工事事務所規則　　工事事務所における指揮命令系統および責任体制に関する定め

⑤就業規則　　工事事務所における職員の就業条件等に関する定め

⑥人事取扱規則　　管理者の要件、派遣職員の交代等に関する定め

⑦購買管理規則　　取引業者および契約内容の決定手続き等に関する定め

⑧共同企業体解散後の瑕疵担保責任に関する覚書　　解散後の瑕疵に係る構成員間の費用の分担、請求手続き等に関する定め

Ｑ２．ＪＶ結成にあたり構成員から一定の出資金を徴収することは可能ですか。

Ａ２.

　過去の判例によると、ＪＶは民法上の組合の一種であるとされています。この法的性格によれば、ＪＶ結成にあたり、組合員たるＪＶの構成員が出資することは当然のことと考えられます。

　しかし、現状では資金運用等の観点から結成にあたっての出資を行うケースはほとんど

なく、下請業者等への支払いに際してＪＶが各構成員へ出資を請求するということが一般的となっているようです。

　ただし、結成にあたって出資を行う方が、ＪＶの適正な運用が図られる場合もあるため、構成員間で充分に協議し、その方針を諸規則等において明確にしておく必要があります。

Ｑ３．スポンサー会社が以前開設したものの現在は使用していない口座をＪＶの口座として利用することは可能ですか。

Ａ３．

　ＪＶの金融取引は、ＪＶの名称を冠したスポンサー名義の別口預金口座によって行うものとされています。これはＪＶの会計処理の公正性、明瞭性を確保するとともに、ＪＶ固有の財産をスポンサーの財産と峻別するために行われるものです。

　この趣旨に鑑みると、スポンサーが従前に開設し、現在使用していない口座をＪＶ取引のために流用することは、認められません。

Ｑ４．ＪＶ口座に係る通帳・印鑑はどのように管理すればよいですか。

Ａ４．

　共同企業体標準協定書においては、スポンサーの権限として「企業体に属する財産を管理する権限」を掲げています。これに基づき、ＪＶ口座に係る通帳等の管理は、通常はスポンサーが行うことが多いようです。

　しかし、この方法によると、スポンサー会社がＪＶの資産を自社の債務弁済に充当することが考えられ、特にスポンサーが経営破綻した場合等に問題が生ずる可能性が高くなります。

　そこで、ＪＶの共有資産であるＪＶ口座に係る金銭の管理は、構成員間の十分な理解をもとに、ＪＶとしての金銭管理を厳重にすることが肝要となります。

　また、ＪＶ口座の金銭を引き出すにあたり構成員全ての同意を必要とする措置としては、たとえばＪＶ口座の登録印をＪＶの印鑑（単印）とするのではなく、構成員各社の複印とするなど、有効な金銭管理の方法を検討することが大切です。

Ｑ５．公共工事において前払保証制度による前受金を受領した際に、ＪＶ口座にプールしておく方式と各構成員に分配する方式がありますが、どちらの方式がよいですか。

Ａ５．

　公共工事における前払保証制度の前受金は、ＪＶに係る資材業者や下請業者への支払いに充てられるべき性格のものです。そのような趣旨から、根拠なくこれを構成員に分配することは、基本的にはＪＶ独立会計方式の本旨に反することとなります。ただし、構成員各社も当然のことながらＪＶ工事に参画していますから、協定原価の支払いや構成員からの工事原価支払いを予定する場合等、ＪＶに関連する他の事情により分配することも考えられます。また、ＪＶの財産は通常スポンサーが管理している場合が多く、この場合には、スポンサーが前受金を他の債務の弁済に充当してしまう事態も予想され、これらのリスクを回避するために各構成員に分配することも考えられます。

　このような事情に鑑み、通達では「各構成員間の協議によりどちらの方法をとるかを決定し、前払金の適正な使用を確保すること」を求めています（国総振第165号「甲型共同企業体標準協定書の見直しについて」平成14年３月29日）。

　また、前受金をＪＶ名義の口座ではなく、スポンサー名義の口座に留保すると、スポンサーが経営破綻した場合等に、これらの資産がスポンサーに帰属する資産とみなされてしまうこともありうるので、債権保全の観点からもそのような方法は避けなければなりません。（公共工事前払金保証に係るＪＶ工事の預託と払出：資料201ページ）

Ｑ６．工事に係る前受金をＪＶ口座に留保していますが、その他の構成員から分配の要請がありました。どのように取り扱えばよいですか。

Ａ６．

　Ｑ５で述べたように、ＪＶ工事の前受金の管理方法は、構成員間の協議により決定されます。

　この協議により、一旦、留保することで合意したにもかかわらず、後で分配することはトラブルの元であり、避けなければなりません。

　ただし、構成員全員の同意が得られた場合に限り、分配することも差し支えないと思われます。

Q7. ＪＶが手形を発行することはできますか。また、手形を発行するときに注意することはありますか。

A7.

　わが国の取引慣行からすれば、ＪＶが手形取引をするには、かなり制約があります。しかし、手形や小切手の取引に関する法律によって禁止されているわけではありません。ＪＶの取引金融機関に対し、ＪＶの構成員各社あるいは代表者（社長等）が適切な信用供与（念書の差入れ等）をする場合には、ＪＶとして手形を振り出すことが可能です。

　ただし、ＪＶの各々の構成員が異なる金融機関を利用している場合やＪＶの取引金融機関と各々の構成員の取引金融機関が異なる場合等においては、ＪＶの取引金融機関が判断する各々の構成員の信用度合いに差が生じることとなり、金融機関がＪＶとしての手形の発行を認めないケースも多いようです。

　この場合には、ＪＶを代表してスポンサーが手形を振り出したり、各構成員が出資割合に応じた金額の手形を振り出し共同して支払うこととなります。

　なお、地元に密着した企業同士が継続的な経営提携の一法として経常ＪＶを結成しているような場合には、ＪＶがほとんどの金融取引の主体となるケースもみられます。

Q8. スポンサーが下請代金を一括して自社の手形で支払った場合、その他の構成員に出資を求める際の注意点は何ですか。

A8.

　ＪＶを代表してスポンサーが一括して手形を振り出した場合、担保のため構成員に出資を求めることがありますが、どのような形態で出資を請求するかが問題となります。次のような方法が考えられます。

　　①出資割合に応じた手形を構成員に振り出させ、それをスポンサーが預かり保管する方法

　　②手形を振り出した時に現金で出資させる方法

　　③手形の決済期日に現金で出資させる方法

　いずれの方法にも長所・短所があるので、十分に注意する必要があります。

　　①の方法は、スポンサーが振り出した手形の決済前に預かっている手形を割引し、スポンサーが経営破綻した場合には、スポンサー以外の構成員はＪＶとして連帯債務を負うため、スポンサー振出手形と自社振出手形の両方に対する債務を負う可能性が生じます。

　　②の方法は、①の場合と同様の問題が生ずると同時に、スポンサーが手形の支払いをしたにもかかわらず、構成員（サブ）にキャッシュ・フローを求めるという矛盾が生じ、適

切な実務とは言えません。

③の方法は、スポンサー以外の構成員（サブ）に二重債務が生じることはありません。

どのような方法においても、いずれかの構成員が不利益を被る可能性があるため、できるだけ手形の使用は差し控えた方が望ましいと考えますが、わが国の経済システムの現状からしてやむをえざるものですから、ＪＶ工事における手形取引は、構成員間で十分に協議して、基本的な方策を整理しておくべきことと考えます。

3．ＪＶの会計処理

Q1．ＪＶ会計処理の取決めをする場合、「現場主義会計」が必要であると言われますが、その具体的な意義について解説してください。

A1.

　異なった企業が一体となって工事を共同で遂行しようとする場合、経営方針や会計方針を調整しなければなりません。特に、経理に関しては、会計処理方法の調整と透明性の確保が重要となります。

　この目的を達成するためには、まず、適切な「経理取扱規則」を合意することであり、さらに、経理（会計処理）に関する事務処理を努めて共通の場所である当該工事現場で実施することです。このような考え方が現場主義と呼ばれるものです。

　その理由は、次のようなものと考えられます。

(1)　スポンサー会社の本社等事務部門で、ＪＶの事務処理が実施されれば、その他の構成員は、多くの場合、スムースに当該会計情報（会計データ、証憑、会計報告書等）に接しにくくなるものです。このことが、ＪＶ構成員の協調心や信頼感を損ね、摩擦を引き起こしかねないからです。

(2)　ＪＶに関する取引（契約や支払い等）の多くは、当該工事事務所（現場）で実施されるものです。即座に過ちのない会計処理をすることが求められるからです。

(3)　施工の適切な管理は、会計と一体となって牽制されるものです。ＪＶ工事の有効なマネジメントの実施にすばやく貢献するために、経常的な会計処理実務は、現場で実施することが望まれるからです。

　工事現場によっては、経理に適当な現場事務所を設置し得ないこともあり得ます。また、規模によって、現場処理を適当としないケースもあります。そのような時、当然、スポンサー企業のコンピュータ・システムを活用することになりますが、上に解説した現場主義の精神は、充分に尊重されなければなりません。たとえば、ＪＶ構成員が共通に使用できる場所に会計書類を備え置き、適宜閲覧できる体制を確保することが肝要です。

　こういったことは、運営委員会の協議により明確にしておくとともに、特に必要な事項については、経理取扱規則等で明文化しておくことが大切です。

Ｑ２． ＪＶの独立会計方式とはどのような会計方法ですか。

Ａ２．

　ＪＶについて独立会計方式を適用することとは、独自の会計単位を設け、独立した会計処理とその報告システムをもつことを言います。この会計単位とは、会計処理をする実体の領域を言い、具体的には会計の範囲と考えてください。

　たとえば、個別財務諸表に関する会計単位は、法的に独立した組織が会計の範囲であり、連結財務諸表に関する会計単位は、連結の範囲に取り込まれる連結グループ全体が会計の範囲すなわち会計単位となります。

　そういった理解からして、ＪＶの独立会計方式は、ＪＶに参加した個々の企業（構成員）の会計から離れて独立した共同企業体としての会計を別個に実施することを意味します。いわば、米国のパートナーシップ（この組織体には固有の法律が存在します）の会計を実施するようなものです。ただし、わが国のＪＶは、パートナーシップとは異なり、損益の分配等、最終的には個々の企業に権利・義務が帰属する特有の組織体ですから、会計もその特性を考慮した特有の独立性をもつものと考えなければなりません。

　いずれにしても、スポンサー会社がみずからの会計組織の中にＪＶ会計を取り込み、その全体を管理しているような方式は、それだけでは独立会計方式ではありません。スポンサー会社がＪＶについてどのような会計システムをもつかが問題ではなく、ＪＶの独立会計方式とは、ＪＶ全体の会計を別個に処理した会計情報をきちんと保持しているかが問われるものです。

　工事進行過程においては、逐次、ＪＶの試算表が作成されることが要点です。工事竣工時に、しかるべき会計報告書（財務諸表）が作成されるべきことは言うまでもありません。

　構成員各社が、ＪＶの出資比率に応じた自身の関係部分のみを、工事の一つとして会計処理することは当然の処置で、このことは、独立会計か否かの判断とは関係しません。

Ｑ３． 取込み会計方式という言葉を聞きますが、それはどのような会計方式ですか。

Ａ３．

　ＪＶの会計方式は、原則として独立会計方式で実施されなければなりません。

　そのこととは関わりなく、スポンサー会社がＪＶ工事の総括責任者であるという責務から、スポンサー会社の会計システムの中にＪＶに係る全ての取引を取り込んで処理することがあります。これを「取込み会計方式」と呼んでいるものと考えます。

この方式を採用すれば、当然のことながら、ＪＶ工事の進行過程においては、当該個別企業の試算表等の会計諸表の中に、ＪＶの会計データが混入してくることになります。したがって、このような方式では、将来のある時点において、個別企業の出資比率に応じたみずからの工事部分へデータを修正する必要が生じます。

取込み会計方式には、次のような２つの形態があると言われています。

(1) 個々の取引の都度、自身の出資比率部分と他の出資比率部分を区別して処理する方式

(2) 個々の取引ではＪＶ全体の処理をし、出資比率に応じた持分整理は、特定の時期（ＪＶ決算時や構成員企業決算時）に実施する方式

取込み会計方式のいずれの方式においても、最終的には、自らの出資に応じた持分の会計データが、自身の会計組織に取り込まれるという点においては同様で、個別企業の会計としての問題は生じません。

大切なことは、ＪＶという共同企業体の受領・保管すべき資産、ＪＶが支払いの義務を負うべき負債について、ＪＶの会計単位で会計整理がなされることです。すなわち、スポンサー会社でどのような会計処理がなされようと、ＪＶについては独立会計方式を採用した場合の会計情報が保持されることです。

Q４．ＪＶの会計処理をスポンサー会社の会計システム（電算処理を含む）で処理しています。ＪＶの仕訳帳や総勘定元帳等の会計帳簿は、適切な区分処理の整理をして個別企業の会計と分離して出力します。これは、独立会計方式と言えますか。

Ａ４．

独立会計方式は、「共同企業体独自の会計単位を設ける」ことが原則となっています。ＪＶの会計単位は、個々の構成員企業から独立した共同企業体を１つの会計単位とするものです。その考え方で会計処理を実施するものを独立会計方式と呼びます。

ＪＶの会計処理をスポンサー会社の会計システムで処理する、といった場合、次のような２つのケースが想定されます。

(1) ＪＶ工事をスポンサー会社における１工事として処理し、出資比率に応分の負担への修正等は、ＪＶ工事会計の整理として特別に実施する。

(2) スポンサー会社の会計システムを利用するが、それは主として電算処理システムを共有するといった意味で、ＪＶ工事の会計は、他の個別受注工事の会計とは区別して整理する。したがって、ＪＶ工事の収支は、スポンサー会社の試算表等には計上されない。

独立会計方式は、事務効率化の観点から、スポンサー会社における電算処理システムを共有する状況は、許容しています。その際には、現場主義会計の理念が尊重されることとともに、会計システムの独立性が不可欠です。具体的に言えば、ＪＶ工事の収入、支出に関する記録が独立して保持されるシステムが必要です。(1)であれ(2)であれ、工事進行の過程においては、ＪＶ会計の試算表が、逐次アウトプットされる仕組みが存在するかが問われることになります。

Ｑ５．ＪＶの会計処理は、構成員の経常的な電算処理システムではなく、定期の運営委員会や関連の専門委員会が開催される際に、記録しておいたメモをまとめて報告書を作成しています。独立会計方式と認められるでしょうか。

Ａ５．

ＪＶの会計処理に関する基本原則は、構成員個々の会計処理システムがどのようなものであれ、ＪＶを会計単位とする会計処理システムを保有しなければなりません。現代会計の常識としては、会計データをメモ程度で整理するものは、適切な会計処理システムとは言えません。ＪＶ工事の会計においては、個々の企業の会計（出資持分に応じた部分の会計）とは別個に、ＪＶ全体の会計が優先的に重視されたシステムを保有しなければなりません。しかも、それらは、原則としてＪＶ工事現場に常時確保されておかれるべきものです。ご質問の方式は、一般論としては、独立会計方式とは認められません。

Ｑ６．ＪＶの普通預金口座に利息が付されました。どのように処理すべきでしょうか。構成員への分配のことについても解説してください。

Ａ６．

各構成員は、利息の受領について、その出資比率に応じた利息の計上と仮払源泉税の負担を処理します。仮払源泉税は、構成員各社の納税申告にあたって整理・処理されます。

Ｑ７．ＪＶの結成前に要した経費の支出があります。結成後はＪＶ会計で負担してもらいたいと考えています。どのように処理したらよいですか。

Ａ７．

ＪＶの結成前に発生する費用には、入札参加に係る情報収集、営業活動、手続き等の費

用、マスタープランの設計費用、事業採算に係る計算費用等があります。これらについては、次のような処理が考えられます。

  ⑴　各構成員が特定の認識で承認できるもの以外はすべて個別企業の負担とする。

  ⑵　事前に、構成員各社の当該費用を一覧にして、ＪＶの協定原価に参入すべきものと個別企業の負担とすべきものとを区分整理して決定する。

  ⑶　結成後の運営委員会の協議による。

  いずれにしても、いわゆる事前経費をＪＶの協定原価に参入すべきか否かについては、事前経費はＪＶの結成以前に構成員各社の個別的判断によって支出される性格の強いものですから、構成員間のトラブルの原因になることが多くあります。なぜならば、事前においては、それらを議すべき各種委員会あるいはそれに順ずる準備会等が発足・機能していないことが多いからです。

  望ましくは、ＪＶの結成以前にあっても、ＪＶの組織化へ向けた共通の行動を確認できるときから、準備会などの予備的な会議の場を設け、事前経費の負担方法について、しっかりと合議しておくべきです。

  それらの内容は、その後の「運営委員会」で決議し、必要な事項については、「経理取扱規則」の協定原価算入基準において明確にしておくことが大切です。

Q8．ＪＶの会計をスポンサーの電算システムによって処理することになりました。この処理に係る経費を協定原価に参入したいと考えます。どのようにしたらよいでしょうか。

A8．

  運営委員会で構成員の了解が得られれば、そのような経費をＪＶ会計の協定原価に参入することは可能です。ただし、どの程度の金額をこれに参入すべきかは、特に基準がないので、構成員間で十分な合意を形成することが大切です。必要な事項は、「経理取扱規則」で明示しておかなければなりません。

  一般的にいえば、電算処理の経費は、当該コンピュータの減価償却費、メンテナンス費、消耗品費などを基準に算定されます。このような計算が複雑になり不透明な場合は、もしＪＶでコンピュータをリースした場合、どの程度の経費がかかるものか、といった基準を参考にすることも考えられます。

  なお、コンピュータを稼動させるための人件費は、一般的には、構成員がその稼動の実績を確認できないため、細部にわたった計算で参入することは適切でないものと考えます。

Ｑ９．スポンサー会社は、「工事契約に関する会計基準」を適用のうえ、原則として「工事進行基準」を採用しています。これに対して、サブ会社は中小企業のため、すべて「工事完成基準」によっています。このように異なった収益の認識基準を採用している企業で構成されているＪＶの場合、特に注意すべきことはありますか。

Ａ９．

　スポンサー会社が原則として工事進行基準を採用している場合は、一般的には、工事の進捗管理と支出の発生時点について、適切な処理を施していると考えられます。したがって、月次的なデータ整理とその開示は、比較的容易に実施されるでしょう。これらの実態に沿ってＪＶ会計の情報を適時にサブ会社に開示することが可能です。ほとんど問題となることは発生しないと考えられます。

　むしろ、当該ＪＶ工事についてスポンサー会社が工事完成基準を採用している場合で、サブ会社の中に「工事契約に関する会計基準」を適用する会社がある場合には、注意を要します。

　このような場合においては、工事の進捗管理をベースとする支出の発生時点認識がラフなものとなる可能性が高くなります。そのような状況で処理された情報にもとづき、成果の確実性が認められないと判断することは、問題をもつ損益計算を指摘されやすくなります。

　したがって、現代的なＪＶ会計では、認識基準の相違に関わらず、月次会計情報にも敏感な会計処理を施すことが肝要でしょう。

　また、ＪＶ独立会計の趣旨からすれば、構成会社各社の採用する収益計上基準に合わせられる会計報告をすることはもとより、建設事業の性格に合わせ、工事の開始から完了、そして瑕疵補償工事の発生までもにらみ、工事工期を会計期間とみなした継続的な帳簿の維持も必要となります。

Ｑ10．スポンサー会社は３月決算ですが、サブ会社は、９月と12月決算です。サブ会社において、ＪＶ工事が未完成の状態で決算を迎えた場合、どのような注意が必要でしょうか。

Ａ10．

　スポンサー会社は、一般的には、みずからの決算時期を意識してＪＶ会計をまとめていくのでほとんど問題が生じません。これに対して、サブ会社は、スポンサー会社からの会計情報の受け手として会計処理をしていくことがほとんどです。

したがって、独立会計方式が適正に運用されていれば、その会計処理がスポンサー主導であったとしても、適時な会計情報の把握もしくは会計報告の実施が可能ですから、基本的には、そのデータにしたがった決算処理を施せばよいと考えます。

　ただし、期中の処理と決算時の処理とは必ずしも同質ではありませんから、決算に必要な特別なデータもしくは情報は、的確にＪＶ会計から入手することが肝要です。

Q11. ＪＶ工事の完成工事高について、スポンサー会社であることから、個別企業としての決算において、その全額を完成工事高に計上しました。ＪＶの工事原価とサブ会社への分配金を原価としたので、出資比率に応じて収益・費用を計上した場合と損益に変動はありません。個別企業の決算として問題はありませんか。

A11.

　問のような会計は、独立会計方式とはまったく異なった方式であるとともに、建設業法施行規則にも違反した会計処理となります。

　建設業法施行規則では、その別記様式第15号及び第16号の国土交通大臣の定める勘定科目の分類の定めにおいて、完成工事高のうちＪＶに係る事項を次のように規定しています。

　「共同企業体により施工した工事については、共同企業体全体の完成工事高に出資の割合を乗じた額又は分担した工事額を計上する。」

　したがって、ＪＶ全体の完成工事高を個別企業の収益として計上することは、虚偽の財務諸表申告となります。特に、同規則に基づいて提出される財務諸表は、経営事項審査の評価項目として重要な役割を果たしているので、厳に戒められなければなりません。

Q12. ＪＶ工事の決算にあたり損失が生じてしまいました。どのように処理すればよいですか。

A12.

　ＪＶ工事において損失（赤字）が生じた場合については、当初に締結した「建設共同企業体協定書」に定められていなければなりません。一般的には、各構成員の出資比率に応じて負担するものです。

4．ＪＶの原価管理

Q１．ＪＶの原価管理と一般個別の原価管理には、理念上および実務上の相違がありますか。

A１.

　個別企業における原価管理は、常時、組織体の意思決定と意思疎通の体制がほぼ確立されています。これに対して、ＪＶの組織は、異なった経営理念・実務をもった企業が、特定の目的のために、臨時的な組織体を形成したものです。

　このような体制下にあっては、ＪＶ経営のメリットを最大限に発揮すべき相乗効果ある成果を期待すべく、ＪＶマネジメントの機能が発揮されるよう尽くさなければなりません。

　特に、原価管理（コスト・コントロール及びコスト・マネジメント）は、ＪＶ特有の意識が求められます。たとえば、ＪＶによる工事は、個別工事よりも効果的、効率的な工事の遂行が維持されるとするのが大義ですから、ＪＶ工事のコスト縮減は、個別企業体による場合よりも現実的でなければなりません。

　しかし、わが国におけるＪＶにおいては、協定原価の中に自社基準より高い経費を認めさせたい、自社の関係業者を使ってもらいたい、などといった構成員間のぶつかり合いがあるとすれば、本末転倒の共同企業体となってしまうこともあります。

　ＪＶの適正な原価管理の基本は、ＪＶ工事の効果を最大限に発揮して、より効率的な工事を実現しようという理念の了解が不可欠です。

Q２．ＪＶ工事における実行予算は、どのように作成し運用すればよいですか。

A２.

　ＪＶ工事において適正な原価管理を遂行するために最も具体的で的確なことは、適切な実行予算を作成することです。また、その予算を作成する過程を重視することです。留意すべき点を列挙しておきましょう。

　(1)　まず、実行予算の作成方針、作成に係る人員等、基本的な事項を運営委員会で了解・承認する会議を設けること。

　(2)　工事の種類（土木系か建築系かなど）により、実行予算の体系と予算・実績の対比

システムを作成する。

(3)　実行予算項目のうち、工事の中核となる材料の調達、労務外注の発注、各種専門工事業者の選定、重機械の調達等の基幹的業務の遂行主体と方式を確立する。

(4)　事前経費、人件費、事務経費等、協定原価となる項目については、明確な基準を作成し、実行予算に含める。

(5)　実行予算は、常時実績データと対比するシステムでなければならない。また、この情報は、運営委員会及び各構成員に対して定期的に報告するものである。予算と実績との間に重要な差異が発生している場合は、その都度、その原因を追求し、適切な是正措置の方策を講ずる。

5．ＪＶの税務

Ｑ１．ＪＶ自体に納税義務はありますか。

Ａ１．

　ＪＶは複数の構成員が技術、資金、人材等を結集し、工事の安定的施工に共同してあたることを約して自主的に結成されたひとつの独立した事業組織体ではありますが、それ自体が法人格を持つものではありません。現行の税法では、特別にＪＶに対する課税方法というものを定めていませんので、一般的な課税方法に準拠することになります。一般に、法人格を持たない事業組織体については、人格のない社団または財団として課税するかあるいは組合事業として課税することになります。ＪＶに関しては財団ということはありませんので、まず人格のない社団についてみてみます。

　法人税法で言う人格のない社団とは、多数の者が一定の目的を達成するために結合した団体のうち法人格を有しないもので、単なる個人の集合体ではなく、団体としての組織を有して統一された意志の下にその構成員の個性を超越して活動を行うものを言い、民法上の組合や商法上の匿名組合はこれに含まれないとされています（法人税基本通達１―１―１）。

　そこで仮にＪＶが法人税法上の人格のない社団とみなされるとすると、ＪＶそれ自体に納税義務が生じることになり（法人税法第４条第１項）、ＪＶの構成員については、ＪＶからの剰余金等の分配がない限り課税関係は生じないことになります。

　一方、ＪＶが民法上の組合ないし商法上の匿名組合とみなされるとすると、ＪＶそれ自体には納税義務は生じることなく、ＪＶの各構成員に対して各々の分配割合に応じて損益が帰属することになります（法人税基本通達14―1―1）。

　このように、ＪＶを人格のない社団とみなすか、あるいは組合とみなすかで課税方法に大きな違いをもたらすことになりますが、現状の実務においては、組合としての課税方法が採られていると言えます。なぜならば、現状では多くのＪＶにおいては、スポンサー会社が一括してＪＶの会計処理を行い、定期的に構成員各社に分配割合に応じた計算結果を報告し、各構成員はその報告された計算結果にもとづき各自の持分計算を行っているからと言えます。

Q2．ＪＶの計算期間と当社の事業年度がズレていますが、どのように損益を計算したらよいでしょうか。

A2．

　A1で述べたように、ＪＶの会計処理はスポンサー会社が一括して行い、定期的にサブ会社に報告するのが一般的です。こうした場合、ＪＶの計算期間はスポンサー会社の事業年度に合わせるのが通常のようですので、ＪＶの計算期間とサブ会社の事業年度とにズレが生じることもよくあると思われます。

　前述のように、現状ではＪＶに対する課税方法は組合事業に対するものとして行われていますが、組合事業による利益等の帰属の時期は、税務上、次のように取り扱われています（法人税基本通達14—1—1の2）。

　法人が組合員となっている組合事業に係る利益金額又は損失金額のうち分配割合に応じて利益の分配を受けるべき金額又は損失の負担すべき金額（「帰属損益額」という。）は、たとえ現実に利益の分配を受け又は損失の負担をしていない場合であっても、当該法人の各事業年度の期間に対応する組合事業に係る個々の損益を計算して、当該法人の当該事業年度の益金の額又は損金の額に算入することとなっています。ただし、当該組合事業に係る損益を毎年1回以上一定の時期において計算し、かつ、当該法人への個々の損益の帰属が当該損益発生後1年以内である場合には、帰属損益額は当該組合事業の計算期間を基として計算し、当該計算期間の終了の日の属する当該法人の事業年度の益金の額又は損金の額に算入してもよいことになっています。

Q3．スポンサー会社とサブ会社で収益計上基準が違っていても構いませんか。

A3．

　ＪＶに対する課税方法が、人格のない社団としての課税方法であるならば、ＪＶ自体が納税主体となりますので、スポンサー会社とサブ会社での収益計上基準の違いといった問題は生じません。しかしながら、現状の実務ではＪＶの会計処理はスポンサー会社が一括して行い、定期的にその計算結果をサブ会社に報告するのが一般的であり、スポンサー会社とサブ会社は各々のデータに基づき決められた分配割合にしたがって損益を計算します。

　したがって、スポンサー会社とサブ会社とで収益の計上基準が違っていたとしても、法人税法上は特に問題となることはありません。ともに合理的な基準を継続的に採用して収益を計上すれば構いません。ちなみに、法人税法に定められている請負建設工事に関する

主な収益計上基準は以下のとおりです。

1. 請負に係る収益の帰属の時期　…　法人税基本通達２―１―21の７
2. 工事進行基準　…　法人税法第64条
3. 部分完成基準　…　法人税基本通達２―１―１の４
4. 延払基準　　…　法人税法第63条、令124①

Ｑ４．ＪＶを組んでいた会社が倒産した場合などは、税務上どのようなことに注意したらよいのでしょうか。

Ａ４．

　実務上は、ＪＶを組んでいた相手会社が倒産したりあるいは経営続行が不可能になり、やむなく協定上の負担割合を超えてその相手会社が支払うべき債務を代位弁済したり、ＪＶ工事で発生した赤字の負担を例えばスポンサー会社がやむを得ず協定上の負担割合を超えて負担するといったことも生じます。

　こうしたケースでは税務上は原則として、超過負担をした会社から相手会社に寄付があったとされます。したがって、超過負担した会社ではその超過負担額のうち寄付金の損金算入限度額を超えた金額は税務上は損金とならないことになります。ただし、法人が子会社等の倒産、解散等に伴い、当該子会社等のために債務の引受けその他の損失を負担したり、当該子会社等に対する債権の放棄をした場合においても、その負担などをしなければ今後より大きな損失を被ることが社会通念上明らかでありやむを得ず負担するといった相当の理由があると認められる時は、その損失の額は寄付金の額に該当しないものとされています（法人税基本通達９―４―１）。なお、ここで言う子会社等には、当該法人と資本関係を有する者のほか、取引関係、人的関係、資金関係等において事業関連性を有する者が含まれるとされていますので（法人税基本通達９―４―１注）、ＪＶの相手会社も含まれると考えられます。

　したがって、もしも上記のような事態が生じた場合には、税務当局を説得し得るだけの相当の理由を明確にする資料の整備等が必要となるでしょう。

Ｑ５．ＪＶの工事中に事故が発生し、損害賠償を請求されましたがどのように取り扱ったらよいのでしょうか。

Ａ５．

　建設業は業種的に事故が多く、それに伴い損害賠償を請求されることもあると思われます。したがって、ＪＶが工事中に同様な事態が起きることも考えられます。税務上の取扱

いは、法人の役員又は使用人がした行為等によって他人に与えた損害につき法人が損害賠償金を支出した場合は次の2つのケースについて規定されています（法人税基本通達9―7―16）。

1. その行為等が法人の業務の遂行に関連し、かつ故意または重過失に基づかない場合は、支出した損害賠償金は給与以外の損金となります。

2. その行為等が法人の業務の遂行に関連はするが故意または重過失に基づいていたり、あるいは法人の業務の遂行に関連しない場合は、支出した損害賠償金は当該役員又は使用人に対する債権とされます。そして、当該役員または使用人の支払能力からみて回収できない額を貸倒れとして損金処理すればそれが認められます。回収可能であるにもかかわらず貸倒れとすると、それは当該役員または使用人に対する給与となります（法人税基本通達9―7―17）。

したがって、ＪＶが負担した損害賠償金も協定上の各構成員の負担額を上記のケースにより処理することになると考えられます。

なお損害賠償金の損金算入時期ですが、業務の遂行に関連して負担する場合においては、当該事業年度終了の日までにその額が確定していなくても、同日までに相手方に申し出た金額を未払金に計上した時はこれが認められます（法人税基本通達2―2―13）。

Q6. ＪＶにおける消費税の基本的取扱いはどうなりますか。

A6.

ＪＶにおける消費税の実務上の取扱いは法人税のそれと同様と言えます。まず納税義務者については、ＪＶの各構成員がその出資持分割合等に対応する部分について、それぞれが資産の譲渡等または課税仕入れ等を行ったこととされ、ＪＶそれ自体が消費税の納税義務者となることはありません（消費税基本通達1―3―1）。

またＪＶの計算期間と、構成員の課税期間がズレている場合も、法人税の取扱い同様、各構成員が資産の譲渡等の時期をＪＶの計算期間（1年以内の場合に限る）の終了する日の属する自己の課税期間において行ったものとして取り扱っている場合には、これを認めることになっています（消費税基本通達9―1―28）。

次に、資産の譲渡等または課税仕入れ等の時期についてですが、ＪＶにおいてはその共同事業として資産の譲渡等あるいは課税仕入れ等を現実に行った時に、各構成員が各々の出資持分割合等に応じて資産の譲渡等または課税仕入れ等を行ったことになります。

したがってＪＶが中間金等の名目で発注者より金銭を受領し、それを出資持分割合に応じて各構成員に分配してもその分配金（一般的に「取下金」という）は目的物の引渡しがあるまでは単なる預り金であり、消費税の課税関係は生じません（消費税基本通達9―1

―27）。

　同じく各構成員がＪＶに支出する出資金についても、その支出時点では課税関係は生じ
ず、その出資金によりＪＶが建設資材等を実際に購入した時点で出資持分割合等に応じて
各構成員が課税仕入れ等を行ったことになります。

6．JVの決算・監査

Q1．JVの月次決算報告は、どのような点に留意して作成すればよいですか。

A1.

　JVの会計期間は共同企業体協定書に定めるJV成立の日から解散の日までです。したがって、月次決算をしないと、JVが解散するまで構成員各社の決算でJVの会計処理を取り込むことができません。また、工事原価の集計や出資金の請求なども毎月行い、JVの工事状況を構成員各社に報告するために月次決算が必要となります。

　したがって、スポンサー会社は、毎月JVの経理諸表を作成して、翌月の一定日までに構成員各社に提出することになります。この作成する経理諸表には、月次試算表、月次予算・実績対照表、工事原価計画書などがあります。

　なお、実務的には毎月上記の経理諸表を作成することが難しいときには、これらの諸表は例えば4半期ごとに作成し、毎月の出資金請求書に月次原価明細などを添付してこれに代わることも行われています。このような場合は、経理取扱規則等で明文化しておくことが必要です。

　JVの月次決算は、JV自体の原価管理のために必要であるだけではなく、各構成員の決算期が異なる場合や工事進行基準を採用している会社にとっても必要な情報ですので、なるべく実施することが必要です。

Q2．JV工事が完成した際、JV決算報告書はどのような点に留意して作成すればよいですか。

A2.

　JV工事の決算は、JV工事が完成しJVを解散するときに行われます。会社の決算のように毎年度ごとに行わずに、解散時に1回だけ実施されます。JV工事の決算の目的は、JVの所有するすべての資産・負債を整理して、JVにより発生した損益を各構成員に配分することにあります。このため、JVの決算は次のようなプロセスを経て行われますので留意が必要です。

　①未決算勘定の整理

　　仮払金、仮受金などの未精算勘定があれば、すべて支払い・精算等をして整理しま

す。また、完成引渡後、工事代金が一部未回収であれば完成工事未収入金を計上します。

②残余資産の売却処分

　残存する資材、機械などがあれば、運営委員会の承認を得て売却処分します。

③工事原価の確定

　ＪＶの解散までに発生する見込みの原価があれば、それを見積り、工事原価を確定します。

④財務諸表の作成

　ＪＶの財務諸表の様式には特に取決めはありませんが、構成員各社がそれぞれの決算に取り込むために必要な情報が記載されている必要があります。一般的には次に掲げる財務諸表を作成することになっています。

　　1．貸借対照表

　　2．損益計算書

　　3．工事原価報告書

　　4．これらの書類に係る附属明細書

なお、附属明細書において、交際費・寄付金・消費税の内容を記載する必要があります。また、労災還付金などの決算報告後に各構成員に帰属する費用・収益が発生した場合には、スポンサーはこれらの情報を迅速に各構成員に報告する必要があります。

Q3．ＪＶの監査は、行う必要があるのですか。

A3．

　共同企業体運営指針においても、ＪＶの適正な業務執行と適正な原価の実現を確保するため、原則として決算書作成後、適切かつ公正な監査を行うこととされています。

　ＪＶの経理および決算はスポンサー会社が行うのが通常であり、その経理処理についてサブ会社は関与することはできず、その内容が適正であるかどうか分かりません。ＪＶの運営が適正に行われるためには、構成員間で合意された統一的な会計基準にしたがって損益計算や原価管理が行われると共に、適切な監査によりＪＶ会計処理の明瞭性と透明性が確保されなければなりません。

Q4．ＪＶの監査は、誰が行うのですか。

A4．

　ＪＶの監査は、監査委員が実施します。この監査委員は、各構成員間において運営委員

会の話し合いで決定しますが、通常スポンサー以外の会社から１、２名選出されます。監査委員名は、ＪＶ協定書又はＪＶ細則において記載しておく必要があります。ＪＶの監査は、ＪＶの業務や会計処理・決算書に対して行われるので、ある程度会計、経理の知識がある者によって行われることが望ましいと考えられます。

Q５．ＪＶの監査の目的は、どのようなことでしょうか。

A５.

　ＪＶの監査の目的は、ＪＶの適正な業務執行と適切な工事原価計算を確保するためです。すなわち、ＪＶの監査はまず、ＪＶの業務執行が各構成員の意見が十分に反映され、工事の完成に向けて公正妥当であるかどうかについて行われます。また、工事原価の適切な予算制度により不必要な原価の発生が防止されるようになっているかなどの原価管理の適切性についても監査することになります。

　これらの監査は一般的にいわれている「業務監査」というもので、会社の監査役が取締役の業務執行を監査するのと同じような機能を有します。ＪＶにおいては、スポンサーのＪＶ運営が工事の完成に向けて経済的・合理的であるかどうかをチェックすることになります。

　また、もう１つ重要な監査の目的が、「会計監査」です。会計監査は、ＪＶの会計処理、原価計算、決算書などについてその作成基準、作成手続、作成記録などが適切かつ正確であるかどうか検討することです。したがって、運営委員会で毎月作成される実行予算対比表、月次原価計算表、資金収支表などについて監査する必要があります。

　工事完成後は、スポンサー会社が作成するＪＶ決算書についても運営委員会の承認を受ける前に監査委員が監査してその内容が適正であるかどうか監査意見を表明しなければなりません。

Q６．ＪＶの監査手続は具体的にはどのようなものがありますか。

A６.

　一般的な監査手続には、実査、立合、視察、質問、閲覧、証憑突合、帳簿突合、計算突合、勘定分析、分析的手続等があります。

　実査とは、工事現場や事務所で所有する現金、有価証券、手形などの資産を実際に調査してその実在性を確認する手続です。立会・視察とは、工事現場における棚卸資産の実地棚卸に立ち会ったり、工事現場の建設物などの視認を行い現場での手続や工事計画などの妥当性を評価することです。質問は、会計処理や原価計算など疑問に思うことを会計責任

者や担当者から聞き出すことを言います。閲覧とは、工事に関する契約書、覚書、議事録、証明書などを査閲して内容を吟味することです。証憑突合・帳簿突合・計算突合とは、記録と記録、記録と証拠、証拠相互間を照合・計算することによって帳簿等の適正性・正確性を確かめることです。勘定分析とは、勘定記録を一定の要素に分けてその内容の妥当性を確かめる手続です。例えば、完成工事未収入金の年令調べ（発生日別区分）をして、その回収の可能性を検討することなどがあげられます。分析的手続とは、工事原価データ相互間、または工事原価データ以外のデータと工事原価データの矛盾や異常な変動の有無を検討し、工事原価データの妥当性を確かめる手続を言います。

　実際の監査委員の監査では、これらの手続のうち必要と思われるものを選択して監査を行います。また、監査はすべての会計データを調べることは不可能ですので、一部を調べてその全体の正確性を推定することになります。

Q7．ＪＶの監査報告書には、どのようなことを書けばよいのですか。

Ａ7．

　監査報告書は、全ての監査委員が監査結果を確認のうえ作成し運営委員会に提出します。運営委員会は、監査結果を考慮してＪＶ決算書の承認を行います。監査報告書の一般的な記載内容は次のとおりです。
　　①監査報告書の提出先および日付
　　②監査方法の概要
　　③監査委員の署名捺印
　　④決算案等が法令等に準拠し作成されているかどうかについての意見
　　⑤決算案等が協定書その他共同企業体の規則等に定める事項にしたがって作成されているかどうかについての意見
　　⑥その他業務執行に関する意見
　以上の内容を原則として監査報告書に記載しますが、ＪＶの構成員相互の取り決めにより、必ずしも上記の内容を記載せず簡易なものでも認められます。

資　料

ＪＶ工事関係通達

○「ジョイント・ヴェンチャー」の実施について

〔昭和26年9月5日　建設管第852号〕

管理局長から
各 地 方 建 設 局 長
各 都 道 府 県 知 事 あて
東京電力株式会社社長

「ジョイント・ヴェンチャー」とは現存する2人以上の事業者が共同して工事を行う為に用いられる共同経営の一方式であるが、この制度は、⑴融資力の増大⑵危険分散⑶技術の拡充、強化、経験の増大⑷施行の確実性等の利点があり、現在アメリカで非常に発達をみている制度である。我が国に於ても近時「ジョイント・ヴェンチャー」制度について各方面から関心が持たれて来ているが、事業者団体法に抵触するのではないかと云う疑義があり、そのためにこれが実施をみない状況であつた。

今般当省と公正取引委員会の間に別紙のとおり了解が出来たので、当省としてはこの「ジョイント・ヴェンチャー」制度の普及を図り度く、貴局（又は都、道、府、県）に於かれても左記事項に御留意の上、之が普及について御協力を願いたい。

尚各地方電力会社にも此の旨御連絡をお願いする。（東京電力のみ）

記

第1　別添「アメリカ建設業に於けるジョイント・ヴェンチャーについて」の第1節の2「ジョイント・ヴェンチャーの経営形態」として、二つの形態が挙げられているが、その第1の全構成員が全く別個に新組織を設立し、各々が夫々従業員又は機械、資産等を提供するもので、数社から成る一企業体の性質を持つ形態は、アメリカに於てはパートナーシップ（組合）の登記を各州になし、登記によつて法人格が取得せられる。

一方我が国に於ては、パートナーシップの法律概念がないので、民法の共同請負の形式（民法第430条）でなすことが適当であると考えられる。次に第2の、全体の経営を一構成員に一任し、他の者は単に資産又は機械等を提供する形態のものは、商法の匿名組合に類似した無名契約である。以上いずれの形態の「ジョイント・ヴェンチャー」もアメリカに於けると同様に凡て発注者に対する連帯責任を有するものである。

第2　「ジョイント・ヴェンチャー」による契約を締結するためには、入札に先立つて事前に発注者の承認を受けさせるものとする。

（別紙）

公正取引委員会と当省との了解事項

ジョイント・ヴェンチャーは一業者単独では引受け難い大きな工事又は技術的に困難な工事に

際し、二以上の事業者が工事の共同請負を目的として、協定に基き設立する共同経営の一種であると考えられるが、協定は個別的に、工事の都度行われ、且当該工事終了と共に、その協同関係は消滅する性質のものである。

　かくの如く、一回限りの取引乃至は契約による協同関係にとどまる限りにおいては、事業者団体法第2条に謂うところの「事業者の結合体」ではなく、同法を以て律する限りではない。但しジョイント・ヴェンチャー協定の仕方如何によつては、一定の取引分野における競争を実質的に制限する場合もあり得るから、この場合には独禁法第3条を以て問疑するものとする。

　（別添　省略）

○中小建設業の振興について

〔昭和37年11月27日　建設省発計第79号〕

最終改正　平成18年10月5日　国総振発第107号

国土交通事務次官から　各省事務次官等
　　　　　　　　　　　関係公団等の長あて
　　　　　　　　　　　都道府県等の長

　最近における建築工事量の増大に対処し、その円滑な施工を確保するためには、さきに通達したように、発注に当たって工事規模、工期及び発注の時期を適正にする等の配慮が必要であるが、他方建設業者なかんずく中小建設業者の施工能力の増大を図る必要がある。

　そのため、中小建設業者による共同請負の実施を推進して、その施工能力の増大を図り、増大した施工能力に適する工事を発注する機会を与えるよう別紙要領に基づき所要の措置を講ぜられたい。

　なお、中小建設業者については、今後は、単なる共同請負から協同組合化へ、さらに進んで企業合同の方向へと馴致するよう配慮されたい。

（別紙1）

共同請負実施要領

1　共同企業体を結成して工事を施工しようとする建設業者は、発注者の定めるところにより建設工事入札参加資格審査申請書及び添付書類を提出する。

2　発注者は、別紙2の資格審査要領により当該共同企業体の資格審査を行なう。

3　削除

4　入札書の形式は、次のとおりとする。

　　　　　　　　○○共同企業体

　　　　代表者　○○建設株式会社　代表取締役　何　某　㊞
　　　　　　　　○○建設株式会社　代表取締役　何　某　㊞
　　　　　　　　○○建設株式会社　代表取締役　何　某　㊞

5　契約書における相手方の表示

　　4に同じ

6　契約書における消費税及び地方消費税の額の表示

　　請負代金額欄の記載は以下のとおりとする。

　1．課税事業者のみで構成する共同企業体の場合

　　　請負代金額　　　　　　　　　○○○円

　　　（うち取引に係る消費税及び地方消費税の額　　　○○○円)

　2．課税事業者と免税事業者とで構成する共同企業体の場合

　　　（甲型の場合）

　　　請負代金額　　　　　　　　　○○○円

　（　　うち取引に係る消費税及び地方消費税の額　　　○○○円　　　　　　　　　　)

（注）「取引に係る消費税及び地方消費税の額」は、請負代金額に課税事業者の出資比率を乗じ、これに5/105を乗じて得た額である。

（乙型の場合）

請負代金額　　　　　　　　　　〇〇〇円

うち取引に係る消費税及び地方消費税の額　　　〇〇〇円

（注）「取引に係る消費税及び地方消費税の額」は、請負代金額のうち課税事業者の分担工事額に5/105を乗じて得た額である。

3.　免税事業者のみで構成する共同企業体の場合

請負代金額　　　　　　　　　　〇〇〇円

7　契約書中に特記すべき事項

「〇〇建設株式会社外〇社は、別紙〇〇共同企業体協定書により頭書の工事を共同連帯して請負う。」

8　契約約款中に特記すべき事項

「発注者は、工事の監督、請負代金の支払等の契約に基づく行為については、すべて代表者〇〇建設株式会社を相手方とし、代表者へ通知した事項は、他の構成員にも通知したものとみなす。」

9　昭和37年度においては、既に一般建設業者の資格審査は完了していると思われるが、相当な期間を定めて予算決算および会計令第72条第4項に基づく公示を行ない共同企業体の競争参加願が提出された場合、資格審査を行なわれたい。

10　共同請負の有効適切な実施を図るため、標準共同企業体協定書（甲乙）を作成したので添付する。

なお、この協定書はあくまで標準的なものであって、結合の実情に応じて発注者において必要と認める条項を加え、不必要と認める条項を削除して利用しても差支えない。

（別紙2）

共同企業体の資格審査要領

共同企業体は、構成員全員が共同して工事を施工するものであるから、その資格審査に当たつては、次の要領により特別の措置を講ずるものとする。

1　適格性の審査

共同企業体構成員の全員について、不誠実な行為の有無及び経営状態に関する適格性の審査を行なうものとする。

2　客観的事項の審査

共同企業体の経営に関する客観的事項の審査は、建設業法第27条の23第3項に基づく平成6年建設省告示第1461号（平成6年6月8日。以下「告示」という。）及び「経営事項審査の事務取扱について（通知）」（同日付け建設省経建発第136号。以下「通知」という。）に準じて行なうものとし、各審査項目については次のとおり取り扱うものとする。

(イ)　経営規模の審査は、各構成員の年間平均完成工事高、自己資本の額及び職員の数のそれぞ

れの和を用いて行うものとする。

(ロ)　経営状況の評点は、各構成員について算定される経営状況の評点（告示第一の二に掲げる項目について告示付録第一に定める算式によって算出した点数に基づき、通知の別紙「審査の結果を総合評点で表す方法」（以下単に「通知の別紙」という。）　1の(3)の①の算式によって算定した評点をいう。）の平均値によるものとする。

(ハ)　技術力の審査は、許可を受けた建設業の種類ごとに算出した各構成員の技術職員数値（告示第一の三に掲げる技術職員について、告示第二の三に定めるところにより算出した数値をいう。）のそれぞれの和を用いて行うものとする。

(ニ)　その他の審査項目（社会性等）の評点は、各構成員について算定されるその他の審査項目（社会性等）の評点（告示第一の四に掲げる項目について、告示第二の四及び通知の別紙1の(5)に定めるところにより算定した評点をいう。）の平均値によるものとする。

3　主観的事項の審査

　　共同企業体の工事施工能力に関する主観的事項の審査は、前年度の完成工事の成績を評定して行なうものとする。

4　客観点数及び主観点数の調整

　　経常建設共同企業体の客観的事項の審査及び級別格付を行うに当たって、合併等に関する合理的な計画が提出され、真に企業合併等に寄与すると認められる経常建設共同企業体については、客観的事項について算定した点数（以下「客観点数」という。）及び主観的事項について算定した点数（以下「主観点数」という。）を10％を基本に合理的と認められる範囲でプラスに調整することができるものとし、これ以外の経常建設共同企業体については、客観点数及び主観点数の調整は行わないものとする。

（別添様式）

競　争　参　加　願

昭和　　年　　月　　日

　　　　　　　　　　　殿

　　　　共同企業体の名称　○○建設共同企業体
　　　　共同企業体の代表者の　○○県○○市○○町○○番地
　　　　住所、名称及び代表者
　　　　　　　　　　　　　　　○○建設株式会社代表取締役

○　○　○　○　㊞

　　　　共同企業体構成員の　○○県○○市○○町○○番地
　　　　住所、名称及び代表者
　　　　　　　　　　　　　　　○○建設株式会社代表取締役

○　○　○　○　㊞

　　　　　　　　　　　　　　　○○県○○市○○町○○番地
　　　　　　　　　　　　　　　○○建設株式会社代表取締役

○　○　○　○　㊞

〇〇県〇〇市〇〇町〇〇番地

〇〇建設株式会社代表取締役

〇　　〇　　〇　　〇　　㊞

　今般、連帯責任によって請負工事の共同施工を行うため、〇〇建設株式会社代表取締役〇〇〇〇を代表者とする〇〇建設共同企業体を結成したので、同企業体は貴施工の請負工事の入札に参加致したく、別冊指定の書類を添えて申請いたします。

　なお、この参加願及び添付書類のすべての記載事項は、事実と相違ないことを誓約します。

氏名又は名称	登　録　番　号	登　録　年　月　日	営　業　の　種　目
希望する工事種別及び工事箇所			

経常建設共同企業体協定書（甲）

（目　的）

第1条　当共同企業体は、建設事業を共同連帯して営むことを目的とする。

（名　称）

第2条　当共同企業体は、〇〇経常建設共同企業体（以下「当企業体」という。）と称する。

（事務所の所在地）

第3条　当企業体は、事務所を〇〇市〇〇町〇〇番地に置く。

（成立の時期及び解散の時期）

第4条　当企業体は、平成　　年　　月　　日に成立し、その存続期間は1年とする。ただし、1年を経過しても当企業体に係る建設工事の請負契約の履行後〇箇月を経過するまでの間は解散することができない。

2　前項の存続期間は、構成員全員の同意をえて、これを延長することができる。

（構成員の住所及び名称）

第5条　当企業体の構成員は、次のとおりとする。

　　　　　〇〇県〇〇市〇〇町〇〇番地

　　　　　　〇〇建設株式会社

　　　　　〇〇県〇〇市〇〇町〇〇番地

　　　　　　〇〇建設株式会社

（代表者の名称）

第6条　当企業体は、〇〇建設株式会社を代表者とする。

（代表者の権限）

第7条　当企業体の代表者は、建設工事の施工に関し、当企業体を代表してその権限を行うことを名義上明らかにした上で、発注者及び監督官庁等と折衝する権限並びに請負代金（前払金及

び部分払金を含む。）の請求、受領及び当企業体に属する財産を管理する権限を有するものとする。

　（構成員の出資の割合等）

第8条　当企業体の構成員の出資の割合は別に定めるところによるものとする。

2　金銭以外のものによる出資については、時価を参しやくのうえ構成員が協議して評価するものとする。

　（運営委員会）

第9条　当企業体は、構成員全員をもつて運営委員会を設け、組織及び編成並びに工事の施工の基本に関する事項、資金管理方法、下請企業の決定その他の当企業体の運営に関する基本的かつ重要な事項について協議の上決定し、建設工事の完成に当るものとする。

　（構成員の責任）

第10条　各構成員は、建設工事の請負契約の履行及び下請契約その他の建設工事の実施に伴い当企業体が負担する債務の履行に関し、連帯して責任を負うものとする。

　（取引金融機関）

第11条　当企業体の取引金融機関は、○○銀行とし、共同企業体の名称を冠した代表者名義の別口預金口座によつて取引するものとする。

　（決　算）

第12条　当企業体は、工事竣工の都度当該工事について決算するものとする。

　（利益金の配当の割合）

第13条　決算の結果利益を生じた場合には、第8条に基づく協定書に規定する出資の割合により構成員に利益金を配当するものとする。

　（欠損金の負担の割合）

第14条　決算の結果欠損金を生じた場合には、第8条に基づく協定書に規定する割合により構成員が欠損金を負担するものとする。

　（権利義務の譲渡の制限）

第15条　本協定書に基づく権利義務は他人に譲渡することはできない。

　（工事途中における構成員の脱退に対する措置）

第16条　構成員は、発注者及び構成員全員の承認がなければ、当企業体が建設工事を完成する日までは脱退することができない。

2　構成員のうち工事途中において前項の規定により脱退した者がある場合においては、残存構成員が共同連帯して建設工事を完成する。

3　第1項の規定により構成員のうち脱退した者があるときは、残存構成員の出資の割合は、脱退構成員が脱退前に有していたところの出資の割合を、残存構成員が有している出資の割合により分割し、これを第8条に基づく協定書に規定する割合に加えた割合とする。

4　脱退した構成員の出資金の返還は、決算の際行なうものとする。ただし、決算の結果欠損金を生じた場合には、脱退した構成員の出資金から構成員が脱退しなかつた場合に負担すべき金額を控除した金額を返還するものとする。

5　決算の結果利益を生じた場合において、脱退構成員には利益金の配当は行なわない。

（構成員の除名）

第16条の２　当企業体は、構成員のうちいずれかが、工事途中において重要な義務の不履行その他の除名し得る正当な事由を生じた場合においては、他の構成員全員及び発注者の承認により当該構成員を除名することができるものとする。

２　前項の場合において、除名した構成員に対してその旨を通知しなければならない。

３　第１項の規定により構成員が除名された場合においては、前条第２項から第５項までを準用するものとする。

（工事途中における構成員の破産又は解散に対する処置）

第17条　構成員のうちいずれかが工事途中において破産又は解散した場合においては、第16条第２項から第５項までを準用するものとする。

（代表者の変更）

第17条の２　代表者が脱退し若しくは除名された場合又は代表者としての責務を果たせなくなった場合においては、従前の代表者に代えて、他の構成員全員及び発注者の承認により残存構成員のうちいずれかを代表者とすることができるものとする。

（解散後のかし担保責任）

第18条　当企業体が解散した後においても、当該工事につきかしがあつたときは、各構成員は共同連帯してその責に任ずるものとする。

（協定書に定めのない事項）

第19条　この協定書に定めのない事項については、運営委員会において定めるものとする。

　　　○○建設株式会社外○社は、上記のとおり○○経常建設共同企業体協定を締結したので、その証拠としてこの協定書○通を作成し、各通に構成員が記名捺印し、各自所持するものとする。

　　　　年　　　月　　　日

　　　　　　　　　　　　　　　　　　　　○○建設株式会社

　　　　　　　　　　　　　　　　　　　　　代表取締役　○　○　○　○　㊞

　　　　　　　　　　　　　　　　　　　　○○建設株式会社

　　　　　　　　　　　　　　　　　　　　　代表取締役　○　○　○　○　㊞

経常建設共同企業体協定書第８条に基づく協定書

　　　○○発注に係る下記工事については、○○経常建設共同企業体協定書第８条の規定により、当企業体構成員の出資の割合を次のとおり定める。ただし、当該工事について発注者と契約内容の変更増減があつても構成員の出資の割合は変らないものとする。

　　　　　　　　　　　　　　　　　　記

　１　工事の名称　　○○○○○○工事

　２　出資の割合　　○○建設株式会社　　　○○％

　　　　　　　　　　○○建設株式会社　　　○○％

　　　○○建設株式会社外○社は、上記のとおり出資の割合を定めたのでその証拠としてこの協定書

○通を作成し、各通の構成員が記名捺印して各自所持するものとする。

　　　年　　月　　日

　　　　　　　　　　　　　　　　　○○経常建設共同企業体

　　　　　　　　　　　　　　　代表者　○○建設株式会社　代表取締役

　　　　　　　　　　　　　　　　　　　　○　○　○　○　㊞

　　　　　　　　　　　　　　　　　○○建設株式会社　代表取締役

　　　　　　　　　　　　　　　　　　　　○　○　○　○　㊞

　　　　　　　　　　経常建設共同企業体協定書（乙）

　（目　的）

第1条　当共同企業体は、建設事業を共同連帯して営むことを目的とする。

　（名　称）

第2条　当共同企業体は、○○経常建設共同企業体（以下「当企業体」）と称する。

　（事務所の所在地）

第3条　当企業体は、事務所を○○市○○町○○番地に置く。

　（成立の時期及び解散の時期）

第4条　当企業体は、昭和　年　月　日に成立し、その存続期間は1年とする。

　　ただし、1年を経過しても当企業体に係る建設工事の請負契約の履行後○箇月を経過するまでの間は、解散することができない。

2　前項の存続期間は、構成員全員の同意をえて、これを延長することができる。

　（構成員の住所及び名称）

第5条　当企業体の構成員は、次のとおりとする。

　　　　　　○○県○○市○○町○○番地

　　　　　　　○　○　建　設　株　式　会　社

　　　　　　○○県○○市○○町○○番地

　　　　　　　○　○　建　設　株　式　会　社

　（代表者の名称）

第6条　当企業体は、○○建設株式会社を代表者とする。

　（代表者の権限）

第7条　当企業体の代表者は、建設工事の施工に関し、当企業体を代表して、発注者及び監督官庁等と折衝する権限並びに自己の名義をもつて、請負代金（前払金及び部分払金を含む。）の請求、受領及び当企業体に属する財産を管理する権限を有するものとする。

　（分担工事額）

第8条　各構成員の工事の分担は、別に定めるところによるものとする。

2　前項に規定する分担工事の価格については、運営委員会で定める。

　（運営委員会）

第9条　当企業体は、構成員全員をもつて運営委員会を設け、建設工事の完成に当るものとす

る。

　（構成員の責任）

第10条　構成員は、運営委員会が決定した工程表によりそれぞれの分担工事の進捗を図り、請負契約の履行に関し連帯して責任を負うものとする。

　（取引金融機関）

第11条　当企業体の取引金融機関は、○○銀行とし、代表者の名義により設けられた別口預金口座によつて取引するものとする。

　（構成員の必要経費の分配）

第12条　構成員はその分担工事の施工のため、運営委員会の定めるところにより必要な経費の分配を受けるものとする。

　（共通費用の分担）

第13条　本工事施工中発生した共通の経費等については、分担工事額の割合により毎月１回運営委員会において、各構成員の分担額を決定するものとする。

　（構成員の相互間の責任の分担）

第14条　構成員がその分担工事に関し、発注者及び第三者に与えた損害は、当該構成員がこれを負担するものとする。

２　構成員が他の構成員に損害を与えた場合においては、その責任につき関係構成員が協議するものとする。

３　前２項に規定する責任について協議がととのわないときは、運営委員会の決定に従うものとする。

４　前３項の規定は、いかなる意味においても第10条に規定する当企業体の責任を免れるものではない。

　（権利義務の譲渡の制限）

第15条　本協定書に基づく権利義務は、他人に譲渡することはできない。

　（工事途中における構成員の脱退）

第16条　構成員は、当企業体が建設工事を完成する日までは脱退することができない。

　（工事途中における構成員の破産又は解散に対する処置）

第17条　構成員のうちいずれかが工事途中において破産または解散した場合においては、残存構成員が共同連帯して当該構成員の分担工事を完成するものとする。

２　前項の場合においては、第14条第２項及び第３項の規定を準用する。

　（解散後のかし担保責任）

第18条　当企業体が解散した後においても、当該工事につきかしがあつたときは、各構成員は共同連帯してその責に任ずるものとする。

　（協定書に定めのない事項）

第19条　本協定書に定めのない事項については、運営委員会において定めるものとする。

　　○○建設株式会社外○社は、上記のとおり○○経常建設共同企業体協定を締結したので、その証拠としてこの協定書○通を作成し各通に構成員が記名捺印し、各自所持するものとする。

年　　月　　日

　　　　　　　　　　　　○○建設株式会社

　　　　　　　　　　　　　代表取締役　○　○　○　○　㊞

　　　　　　　　　　　　○○建設株式会社

　　　　　　　　　　　　　代表取締役　○　○　○　○　㊞

経常建設共同企業体協定書第８条に基づく協定書

　○○発注に係る下記工事については、○○経常建設共同企業体協定書第８条の規定により、当企業体構成員が分担する工事を次のとおり定める。

　ただし、分担工事の１つにつき発注者と契約内容の変更増減があつたときは、それに応じて分担の変更があつたものとする。

　　　　　　　　　　　　　　　記

１　工事名称　　　　○○○○○工事

２　分担工事額（消費税分を含む。）

　　　　○○建築工事　　○○建設株式会社　　○○円

　　　　○○土木工事　　○○建設株式会社　　○○円

　○○建設株式会社外○社は、工事の分担について、上記のとおり定めたので、その証拠としてこの協定書○通を作成し、各通に構成員が記名捺印して各自所持するものとする。

　　　年　　月　　日

　　　　　　　　　　　○○経常建設共同企業体

　　　　　　　　代表者　○○建設株式会社　代表取締役　○○○○㊞

　　　　　　　　　　　　○○建設株式会社　代表取締役　○○○○㊞

○中小建設業対策としての共同請負制度について

〔昭和41年5月17日　建設省発計第33号〕

建設事務次官から　知事あて

　年々増大する建設事業量に対処し、その適正かつ円滑な工事の施工を図るとともに、中小建設業者の施工能力の増大を図るために、さきに昭和37年11月27日建設省発計第79号の2「中小建設業の振興について」の通達をもって、中小建設業者による共同請負の実施の推進について御配慮願ってきたところであるが、今日までの実施の結果にかんがみ、さらに改善・工夫を要する点があるものと認められるので、今後、下記の諸点に留意のうえ、共同請負の推進を図られるよう特段の御配慮をお願いする。

　なお、関係業界に対し、別添のように通知したのでお含み願いたい。

記

1　共同企業体は、次の要件をみたすものであることが望ましい。
　(1)　共同企業体の構成員相互の利害関係の複雑化、協調の困難性を避け、運営上の責任の明確化を図るために、企業数おおむね5社以内であること。
　(2)　各構成員が資本、技術、材料を出し合う等により、工事の施工にあたって総合力が発揮でき、実質的施工能力が増大するようなものであること。
　(3)　共同企業体の格付が、構成員各個の格付より昇格するような組合せであること。
2　施工能力のある共同企業体に対しては、相応の規模の工事の指名について配慮すること。
3　本制度の趣旨に即せず、単一企業の単なる受注機会の増大を図るための方便とみられるもの、工事の適切な遂行が期待できないと判断されるものに対しては指名することなく、また、共同企業体として充分な成果を挙げることができなかったものに対してはその責任を明らかにし、各構成員を含めて適切な措置をとること。
4　共同企業体の各構成員が、同一発注者に対して資格審査申請書を提出している場合は、共同企業体資格審査に必要な各構成員の添付書類を簡素化するよう配慮すること。
5　本制度の推進により、中小建設業が企業合同の方向に進み、引いては業界の過当競争が排除されることが望ましいので、共同企業体の指導にあたっては、業界の意向を充分汲み入れ善処されたい。
6　大企業と中小企業が協力し、相互に技術、資材、労務等を提供し合うことによって、工事の円滑な施工が期待される場合等においては、工事ごとに大企業と中小企業とが共同企業体を結成することも差支えない。

　（別添　省略）

○建設工事共同企業体の事務取扱いについて

〔昭和53年11月1日　建設省計振発第69号〕

建設振興課長から　都道府県担当部長
　　　　　　　　　建設業者団体の長あて

最終改正　平成14年3月29日　国総振第162号

　今般、茨城県土木部長から標記について照会があり、別添のとおり回答したので、参考までに送付する。

（別添）

建設工事共同企業体の事務取扱いについて（回答）

〔昭和53年11月1日　建設省茨計振発第771号〕

最終改正　平成14年3月29日　国総振第162号

建設振興課長から　茨城県土木部長あて

　昭和53年10月23日付けをもつて照会のあつた標記について、下記のとおり回答する。

記

1　建設工事共同企業体の資格審査の取扱いについて

　　貴見のとおり取り扱うのが適当と考える。

　　なお、中小建設業者同志以外の者で結成される建設共同企業体（年度間を通して結成される共同企業体）の資格審査については、貴見イにより取り扱うのが妥当であるので、念のため申し添える。

2　建設工事共同企業体協定書（甲、乙）について

　　昭和37年11月27日付け建設省発計第79号「中小建設業の振興について」において示した建設共同企業体協定書（甲、乙）は、御指摘のとおり、年度間を通して結成される建設共同企業体を基本とするものであつて、同協定書をそのまま、特定の建設工事ごとに結成される建設工事共同企業体の協定書とすることは一部適当ではない面もある。

　　したがって、建設工事共同企業体協定書（甲、乙）は、別紙協定書を使用することが適当である。

　　なお、別紙協定書は標準的なものであつて、共同企業体の施工の目的に応じて発注者において適宜変更して利用しても差し支えないものであることを念のため申し添える。

（別紙）

特定建設工事共同企業体協定書（甲）

（目的）

第1条　当共同企業体は、次の事業を共同連帯して営むことを目的とする。

一　○○発注に係る○○建設工事（当該工事内容の変更に伴う工事を含む。以下、単に「建設工事」という。）の請負

二　前号に附帯する事業

　　（名称）

第２条　当共同企業体は、○○特定建設工事共同企業体（以下「企業体」という。）と称する。

　　（事務所の所在地）

第３条　当企業体は、事務所を○○市○○町○○番地に置く。

　　（成立の時期及び解散の時期）

第４条　当企業体は、平成　　年　　月　　日に成立し、建設工事の請負契約の履行後○カ月以
　　内を経過するまでの間は、解散することができない。

　　　（注）　○の部分には、たとえば３と記入する。

２　建設工事を請け負うことができなかつたときは、当企業体は、前項の規定にかかわらず、当
　　該建設工事に係る請負契約が締結された日に解散するものとする。

　　（構成員の住所及び名称）

第５条　当企業体の構成員は、次のとおりとする。

　　　　　　　○○県○○市○○町○○番地

　　　　　　　　○○建設株式会社

　　　　　　　○○県○○市○○町○○番地

　　　　　　　　○○建設株式会社

　　（代表者の名称）

第６条　当企業体は、○○建設株式会社を代表者とする。

　　（代表者の権限）

第７条　当企業体の代表者は、建設工事の施工に関し、当企業体を代表してその権限を行うこと
　　を名義上明らかにした上で、発注者及び監督官庁等と折衝する権限並びに請負代金（前払金及
　　び部分払金を含む。）の請求、受領及び当企業体に属する財産を管理する権限を有するものと
　　する。

　　（構成員の出資の割合）

第８条　各構成員の出資の割合は、次のとおりとする。ただし、当該建設工事について発注者と
　　契約内容の変更増減があつても、構成員の出資の割合は変わらないものとする。

　　　　　　　○○建設株式会社　　　○○％

　　　　　　　○○建設株式会社　　　○○％

２　金銭以外のものによる出資については、時価を参しやくのうえ構成員が協議して評価するも
　　のとする。

　　（運営委員会）

第９条　当企業体は、構成員全員をもつて運営委員会を設け、組織及び編成並びに工事の施工の
　　基本に関する事項、資金管理方法、下請企業の決定その他の当企業体の運営に関する基本的か
　　つ重要な事項について協議の上決定し、建設工事の完成に当るものとする。

　　（構成員の責任）

第10条　各構成員は、建設工事の請負契約の履行及び下請契約その他の建設工事の実施に伴い当

企業体が負担する債務の履行に関し、連帯して責任を負うものとする。

　（取引金融機関）

第11条　当企業体の取引金融機関は、○○銀行とし、共同企業体の名称を冠した代表者名義の別口預金口座によつて取引するものとする。

　（決算）

第12条　当企業体は、工事竣工の都度当該工事について決算するものとする。

　（利益金の配当の割合）

第13条　決算の結果利益を生じた場合には、第8条に規定する出資の割合により構成員に利益金を配当するものとする。

　（欠損金の負担の割合）

第14条　決算の結果欠損金を生じた場合には、第8条に規定する割合により構成員が欠損金を負担するものとする。

　（権利義務の譲渡の制限）

第15条　本協定書に基づく権利義務は他人に譲渡することはできない。

　（工事途中における構成員の脱退に対する措置）

第16条　構成員は、発注者及び構成員全員の承認がなければ、当企業体が建設工事を完成する日までは脱退することができない。

2　構成員のうち工事途中において前項の規定により脱退した者がある場合においては、残存構成員が共同連帯して建設工事を完成する。

3　第1項の規定により構成員のうち脱退した者があるときは、残存構成員の出資の割合は、脱退前に有していたところの出資の割合を、残存構成員が有している出資の割合により分割し、これを第8条に規定する割合に加えた割合とする。

4　脱退した構成員の出資金の返還は、決算の際行うものとする。ただし、決算の結果欠損金を生じた場合には、脱退した構成員の出資金から構成員が脱退しなかつた場合に負担すべき金額を控除した金額を返還するものとする。

5　決算の結果利益を生じた場合において、脱退構成員には利益金の配当は行わない。

　（構成員の除名）

第16条の2　当企業体は、構成員のうちいずれかが、工事途中において重要な義務の不履行その他の除名し得る正当な事由を生じた場合においては、他の構成員全員及び発注者の承認により当該構成員を除名することができるものとする。

2　前項の場合において、除名した構成員に対してその旨を通知しなければならない。

3　第1項の規定により構成員が除名された場合においては、前条第2項から第5項までを準用するものとする。

　（工事途中における構成員の破産又は解散に対する処置）

第17条　構成員のうちいずれかが工事途中において破産又は解散した場合においては、第16条第2項から第5項までを準用するものとする。

　（代表者の変更）

第17条の2　代表者が脱退し若しくは除名された場合又は代表者としての責務を果たせなくなった場合においては、従前の代表者に代えて、他の構成員全員及び発注者の承認により残存構成員のうちいずれかを代表者とすることができるものとする。

（解散後のかし担保責任）

第18条　当企業体が解散した後においても、当該工事につきかしがあつたときは、各構成員は共同連帯してその責に任ずるものとする。

（協定書に定めのない事項）

第19条　この協定書に定めのない事項については、運営委員会において定めるものとする。

　　○○建設株式会社外○社は、上記のとおり○○特定建設工事共同企業体協定を締結したので、その証拠としてこの協定書○通を作成し、各通に構成員が記名捺印し、各自所持するものとする。

　　　年　　月　　日

　　　　　　　　　　　　　　　　　　○○建設株式会社
　　　　　　　　　　　　　　　　　　　代表取締役　○　○　○　○　㊞
　　　　　　　　　　　　　　　　　　○○建設株式会社
　　　　　　　　　　　　　　　　　　　代表取締役　○　○　○　○　㊞

特定建設工事共同企業体協定書（乙）

（目的）

第1条　当共同企業体は、次の事業を共同連帯して営むことを目的とする。

　一　○○発注に係る○○建設工事（当該工事内容の変更に伴う工事を含む。以下、単に「建設工事」という。）の請負

　二　前号に附帯する事業

（名称）

第2条　当共同企業体は、○○特定建設工事共同企業体（以下「当企業体」という。）と称する。

（事務所の所在地）

第3条　当企業体は、事務所を○○市○○町○○番地に置く。

（成立の時期及び解散の時期）

第4条　当企業体は、昭和　　年　　月　　日に成立し、建設工事の請負契約の履行後○カ月以内を経過するまでの間は、解散することができない。

　（注）　○の部分には、たとえば3と記入する。

2　建設工事を請け負うことができなかつたときは、当企業体は、前項の規定にかかわらず、当該建設工事に係る請負契約が締結された日に解散するものとする。

（構成員の住所及び名称）

第5条　当企業体の構成員は、次のとおりとする。

　　　　　　　○○県○○市○○町○○番地

　　　　　　　　○○建設株式会社

　　　　　○○県○○市○○町○○番地
　　　　　○○建設株式会社
（代表者の名称）
第6条　当企業体は、○○建設株式会社を代表者とする。
（代表者の権限）
第7条　当企業体の代表者は、建設工事の施工に関し、当企業体を代表して、発注者及び監督官庁等と折衝する権限並びに自己の名義をもつて請負代金（前払金及び部分払金を含む。）の請求、受領及び当企業体に属する財産を管理する権限を有するものとする。
（分担工事額）
第8条　各構成員の建設工事の分担は、次のとおりとする。ただし、分担工事の一部につき発注者と契約内容の変更増減等のあつたときは、それに応じて分担の変更があるものとする。
　　　　　○○建設工事　　　○○建設株式会社
　　　　　○○土木工事　　　○○建設株式会社
2　前項に規定する分担工事の価額（運営委員会で定める。）については、別に定めるところによるものとする。
（運営委員会）
第9条　当企業体は、構成員全員をもつて運営委員会を設け、建設工事の完成に当るものとする。
（構成員の責任）
第10条　各構成員は、運営委員会が決定した工程表によりそれぞれの分担工事の進捗を図り、請負契約の履行に関し連帯して責任を負うものとする。
（取引金融機関）
第11条　当企業体の取引金融機関は、○○銀行とし、代表者の名義により設けられた別口預金口座によつて取引するものとする。
（構成員の必要経費の分配）
第12条　構成員はその分担工事の施工のため、運営委員会の定めるところにより必要な経費の分配を受けるものとする。
（共通費用の分担）
第13条　本工事施工中発生した共通の経費等については、分担工事額の割合により毎月1回運営委員会において、各構成員の分担額を決定するものとする。
（構成員の相互間の責任の分担）
第14条　構成員がその分担工事に関し、発注者及び第三者に与えた損害は、当該構成員がこれを負担するものとする。
2　構成員が他の構成員に損害を与えた場合においては、その責任につき関係構成員が協義するものとする。
3　前2項に規定する責任について協義がととのわないときは、運営委員会の決定に従うものとする。

4　前3項の規定は、いかなる意味においても第10条に規定する当企業体の責任を免れるものではない。

（権利義務の譲渡の制限）

第15条　本協定書に基づく権利義務は、他人に譲渡することはできない。

（工事途中における構成員の脱退）

第16条　構成員は、当企業体が建設工事を完成する日までは脱退することができない。

（工事途中における構成員の破産又は解散に対する処置）

第17条　構成員のうちいずれかが工事途中において破産または、解散した場合においては、残存構成員が共同連帯して当該構成員の分担工事を完成するものとする。

2　前項の場合においては、第14条第2項及び第3項の規定を準用する。

（解散後のかし担保責任）

第18条　当企業体が解散した後においても、当該工事につきかしがあつたときは、各構成員は共同連帯してその責に任ずるものとする。

（協定書に定めのない事項）

第19条　本協定書に定めのない事項については、運営委員会において定めるものとする。

　　　○○建設株式会社外○社は、上記のとおり○○特定建設工事共同企業体協定を締結したので、その証拠としてこの協定書○通を作成し各通に構成員が記名捺印し、各自所持するものとする。

　　　年　　月　　日

　　　　　　　　　　　　　　　　　○○建設株式会社

　　　　　　　　　　　　　　　　　　代表取締役　○　○　○　○　㊞

　　　　　　　　　　　　　　　　　○○建設株式会社

　　　　　　　　　　　　　　　　　　代表取締役　○　○　○　○　㊞

特定建設工事共同企業体協定書第8条に基づく協定書

　　　○○発注に係る下記工事については、○○特定建設工事共同企業体協定書第8条の規定により、当企業体構成員が分担する工事の工事額を次のとおり定める。

記

分担工事額（消費税分及び地方消費税分を含む。）

　　　　　○○建築工事　○○建設株式会社　○○円

　　　　　○○土木工事　○○建設株式会社　○○円

　　　○○建設株式会社外○社は、上記のとおり分担工事額を定めたので、その証拠としてこの協定書○通を作成し、各通に構成員が記名捺印して各自所持するものとする。

　　　年　　月　　日

　　　　　　　　　　　　　○○特定建設工事共同企業体

　　　　　　　　　　　　　代表者　○○建設株式会社　代表取締役　○○○○　㊞

　　　　　　　　　　　　　　　　　○○建設株式会社　代表取締役　○○○○　㊞

建設工事共同企業体の事務取扱いについて（照会）

〔昭和53年10月23日〕

茨城県土木部長から　建設振興課長あて

──────────（略）──────────

建設工事共同企業体に関する質問事項

1　建設工事共同企業体の資格審査の取扱について

　　大手建設業者同志などにより特定の建設工事の施工を共同で行うことを目的として結成される建設工事共同企業体の資格審査については、先の昭和53年3月20日付け建設振興課長通知「共同企業体の事務取扱いについて」記1において、当面、発注者において建設工事共同企業体の目的に応じてその資格審査を適宜行うことが望ましいとされており、これに基づき当県では、下記により建設工事共同企業体の資格審査を取り扱いたいと考えているが、この取扱いにより支障はないか。

記

イ　ロに掲げる場合を除き、次により取り扱うものとする。

　　昭和37年11月27日付け建設省発計第79号「中小建設業の振興について」の別紙2の「共同企業体の資格審査要領」（以下「資格審査要領」という。）に準じて取り扱う（ただし、資格審査要領記4に規定する級別格付の調整は行わない。）。

　　この場合において、大手建設業者と中小建設業者により結成される建設工事共同企業体であつて技術の移転又は工事の円滑な施工その他これらに類する目的を含むものにあつては、当該目的に係る中小建設業者については、共同企業体としての点数計算の対象から除くことを原則とする。

ロ　資格審査を受けようとする共同企業体数が指名しようとする共同企業体数と同一かそれ以下となる場合等共同企業体としての点数計算が不要な場合には、次により取扱うものとする。

　　　構成員の級別格付けが異なる場合…上位の構成員の格付け

　　　構成員の級別格付けが同一の場合…当該構成員の格付け

2　建設工事共同企業体協定書について

　　昭和37年11月27日付け建設省発計第79号「中小建設業の振興について」において示された建設共同企業体協定書（甲、乙）は、年度間を通して結成される建設共同企業体を基本とするものであつて、同協定書を特定の建設工事ごとに結成される建設工事共同企業体の協定書とするには一部改正を要すると考える。この場合どのように取り扱うべきか。

○共同企業体の在り方について

〔昭和62年8月17日　建設省中建審発第12号〕

最終改正　平成23年11月11日　国土交通省中建審第1号

中央建設業審議会から　関係各庁あて
会長　杉浦敏介

　建設工事における共同企業体活用の適正化が必要とされている現状にかんがみ、中央建設業審議会は、共同企業体の在り方について調査審議を行い結論を得たので、所要の措置を講ぜられたく、別紙のとおり建設業法第34条第1項の規定に基づき建議する。

（知事あてのみ）

　なお、貴管下市町村の長に対する建議については、貴職をわずらわせたく、建議書の回付方をお願いする。

共同企業体の在り方について

第一　総括的考え方

1　経緯と現状

　建設工事における共同企業体は、大規模かつ高難度の工事の安定的施工の確保、優良な中小・中堅建設企業の振興などを図る上で有効なものであるが、昭和26年に我が国に制度として導入されて以来、一部には行き過ぎと見られる活用も行われ、また、共同企業体の円滑な運営に支障が生じている等の弊害が指摘されたことから、昭和62年に「共同企業体の在り方について」（昭和62年中建審発第12号）が建議され、共同企業体運用準則に基づき共同企業体活用の在り方の適正化が行われてきたところである。

　また、平成13年には「公共工事の入札及び契約の適正化を図るための措置に関する指針」（以下「適正化指針」という。）が閣議決定され、これに基づき、各省各庁の長等においては、共同企業体運用準則に従って共同企業体運用基準の策定及び公表を行い、これに基づいて共同企業体を適切に活用することとされた。

　一方、平成23年に一部変更された適正化指針では、近年、建設投資の大幅な減少等に伴い、社会資本等の維持管理や除雪、災害応急対策など、地域の維持管理に不可欠な事業を担ってきた地域の建設企業の減少・小規模化が進んでおり、このままでは、事業の円滑かつ的確な実施に必要な体制の確保が困難となり、地域における最低限の維持管理までもが困難となる地域が生じかねないこと、また、地域の維持管理を将来にわたって持続的に行うため、入札及び契約の方式において、共同企業体の活用を含んだ担い手確保に資する工夫を行う必要があることが指摘されているところである。

　このため、地域の維持管理に不可欠な事業の継続的な担い手となる地域維持型建設共同企業体について適切に定め、これに対応するものとする。

2　基本的視点

　共同企業体の在り方の適正化に当たっては、不良・不適格業者参入の防止、共同施工の確保、共同企業体運営の円滑化等により共同企業体活用に伴う弊害を防止するとともに、技術

と経営に優れた企業が成長していくという建設産業政策の基本的考え方を踏まえることが必要である。

3　活用の基本方針

共同企業体の活用に当たっては、次の方針を基本とするものとする。

①　建設業の健全な発展と建設工事の効率的施工を図るため、公共工事の発注は単体発注を基本的前提とするとともに、共同企業体の活用は、技術力の結集等により効果的施工が確保できると認められる適正な範囲にとどめるものとする。

②　昭和25年９月13日中央建設業審議会決定「建設工事の入札制度の合理化対策について」は、公共工事入札に当たっての公正自由な競争秩序の在り方を示したものである。すなわち、建設企業の信用、技術、施工能力等公共工事の適正な施工を行い得る能力を重視するとともに、企業規模の大小にも留意した適正な入札方法として、いわゆる「等級別発注制度」を定めたものであり、公共工事の発注においては、共同企業体を活用する場合であっても、同制度の合理的運用を確保することが必要である。

③　不良・不適格業者の参入を防止し、円滑な共同施工を確保するため、発注機関においては、共同企業体の対象工事、構成員等について適正な基準を明確に定め、それに基づき共同企業体の運用を行うものとする。

④　共同企業体の対象工事については、共同施工の体制を経済的に維持し得る工事規模を確保するとともに、受注者においては適正に技術者を配置し、合理的な基準の下で運営することにより工事の適正かつ円滑な施工を行うものとする。

4　共同企業体の方式

共同企業体を活用する場合には、次の方式によるものとし、発注機関において、それぞれの方式を活用する必要性を勘案の上、各々の判断により活用するものとする。

①特定建設工事共同企業体

大規模かつ技術的難度の高い工事の施工に際して、技術力等を結集することにより工事の安定的施工を確保する場合等工事の規模、性格等に照らし、共同企業体による施工が必要と認められる場合に工事毎に結成する共同企業体

②経常建設共同企業体

中小・中堅建設企業が、継続的な協業関係を確保することによりその経営力・施工力を強化する目的で結成する共同企業体

③地域維持型建設共同企業体

地域の維持管理に不可欠な事業につき、継続的な協業関係を確保することによりその実施体制の安定確保を図る目的で結成する共同企業体

5　共同企業体運用準則

共同企業体を活用する場合にあっては、「第二　共同企業体運用準則」に従い、各発注機関において共同企業体運用に当たっての基準（共同企業体運用基準）を定めるものとする。

6　運用上の留意点

共同企業体は、安易な運用が行われた場合には、施工の非効率化、不良・不適格業者の参

入等の事態も生じかねないのみならず、建設企業間の適正な競争を阻害し、建設業の健全な発展の支障となるおそれがあることに留意する必要がある。

　したがって、共同企業体の活用に当たっては、等級別発注制度の運用との斉合を図り、公正自由な競争の機会が確保されるよう配慮することが必要である。

　このため、必要な場合には発注標準を見直すこと等により、等級別発注制度及び共同企業体の合理的運用を確保することが必要である。

7　施策の実効性の確保

①　共同企業体運営上の混乱は、共同企業体の円滑な運営のための規準が十分に確立されていないことにも起因する。このため、共同企業体が構成員の信頼と協調の下に円滑に運営されるよう共同企業体の施工体制、管理体制、責任体制その他基本的な運営方法に係る指針（共同企業体運営指針）を国土交通省において作成し、その普及を図るものとする。

②　共同企業体の運営を改善し、円滑な共同施工を確保するため、共同企業体に係る助言・指導体制を整備するものとする。

　これにより、運営実態の調査、共同企業体運営指針の普及、共同企業体運営の改善のための助言・指導等を行い、共同施工の円滑化と工事の的確な施工の確保に資するものとする。

③　発注機関は、共同企業体の工事実績を評価して各構成員単体の実績に適正に反映させ、共同企業体による効果的な施工を促進するものとする。また、必要な場合には、運営適正化のための措置を含め的確な指導を行うものとする。

④　本基準が発注機関、業界において周知徹底されるよう、国土交通省その他の関係各庁において必要な助言・指導等を行うものとする。

第二　共同企業体運用準則

1　準則設定の趣旨

　本準則は、発注機関が共同企業体運用基準を定めるに当たって準拠すべき基準を示すものである。

2　一般準則

(1)　共同企業体活用の目的に応じ、対象とすべき工事について、特定建設工事共同企業体及び地域維持型建設共同企業体にあってはその基準を明確に定めるものとし、経常建設共同企業体にあっては技術者を適正に配置し得る規模を確保するものとする。

(2)　共同企業体は、活用の目的、対象工事に応じた適格企業のみにより結成するものとし、その構成員数、組合せ、資格、結成方法等を明示するものとする。

(3)　共同施工を確保し、共同企業体の効果的活用を図るため、対象工事を適切に選定する。特定建設工事共同企業体及び経常建設共同企業体については、構成員は少数とし、格差の小さい組合せとするとともに、出資比率の最小限度基準を設けるものとする。

3　個別準則

(1)　特定建設工事共同企業体

　①性格

建設工事の特性に着目して工事毎に結成される共同企業体とする。

②対象工事の種類・規模

　特定建設工事共同企業体の対象工事の種類・規模は、大規模工事であって技術的難度の高い特定建設工事（高速道路、橋梁、トンネル、ダム、堰、空港、港湾、下水道等の土木構造物であって大規模なもの、大規模建築、大規模設備等の建設工事。以下「典型工事」という。）その他工事の規模、性格等に照らし共同企業体による施工が必要と認められる一定規模以上の工事とする（注―1）。

　ただし、工事の規模、性格等に照らし共同企業体による施工が必要と認められる工事においても単体で施工できる企業がいると認められるときには、単体企業と特定建設工事共同企業体との混合による入札とすることができるものとする。

③構成員

　(イ)　数

　　2ないし3社とする。

　(ロ)　組合せ

　　最上位等級（注―2）のみ、あるいは最上位等級及び第二位等級に属する者の組合せとする（注―3）。

　(ハ)　資格

　　構成員は少なくとも次の三要件を満たす者とする（注―4）。

　　a）当該工事に対応する許可業種につき、営業年数が少なくとも数年あること（注―5）。

　　b）当該工事を構成する一部の工種を含む工事について元請として一定の実績があり、当該工事と同種の工事を施工した経験があること。

　　c）全ての構成員が、当該工事に対応する許可業種に係る監理技術者又は国家資格を有する主任技術者を工事現場に専任で配置し得ること。

　(ニ)　結成方法

　　自主結成とする。

④出資比率

　出資比率の最小限度基準は、技術者を適正に配置して共同施工を確保し得るよう、構成員数を勘案して発注機関において定めるものとする（注―6）。

⑤代表者の選定方法とその出資比率

　代表者は、円滑な共同施工を確保するため中心的役割を担う必要があるとの観点から、施工能力の大きい者とする（注―7）。

　また、代表者の出資比率は構成員中最大とする。

(2)　経常建設共同企業体

①性格

　優良な中小・中堅建設企業が、継続的な協業関係を確保することによりその経営力・施工力を強化するため共同企業体を結成することを認め、もって優良な中小・中堅建設

企業の振興を図るものとする（注―8）。

②対象工事の種類・規模

　単体企業の場合に準じて取り扱うものとするが、技術者を適正に配置し得る規模を確保するものとする（注―9）。

③構成員

(イ)　数

　2ないし3社程度とする。

(ロ)　組合せ

　同一等級又は直近等級に属する者の組合せとする（注―10）。

(ハ)　資格

　構成員は少なくとも次の三要件を満たす者とする（注―11）。

a）登録部門に対応する許可業種につき、営業年数が少なくとも数年あること（注―5）。

b）当該登録部門について元請として一定の実績を有することを原則とする。

c）全ての構成員に、当該許可業種に係る監理技術者となることができる者又は当該許可業種に係る主任技術者となることができる者で国家資格を有する者が存し、工事の施工に当たっては、これらの技術者を工事現場毎に専任で配置し得ることを原則とする。

(二)　結成方法

　自主結成とする。

④登録

　一の企業が各登録機関毎に結成・登録することができる共同企業体の数は、原則として一とし、継続的な協業関係を確保するものとする。

　登録時期等は単体企業の場合に準ずる。

⑤出資比率

　出資比率の最小限度基準は、技術者を適正に配置して共同施工を確保し得るよう、構成員数を勘案して発注機関において定めるものとする（注―6）。

⑥代表者の選定方法とその出資比率

　代表者は、構成員において決定された者とし、その出資比率は、構成員において自主的に定めるものとする。

(3)　地域維持型建設共同企業体

①性格

　地域の維持管理に不可欠な事業につき、地域の建設企業が継続的な協業関係を確保することによりその実施体制を安定確保するために結成される共同企業体とする。

②対象工事の種類・規模

　地域維持型建設共同企業体の対象工事の種類・規模は、社会資本の維持管理のために必要な工事のうち、災害応急対応、除雪、修繕、パトロールなど地域事情に精通した建

設企業が当該地域において持続的に実施する必要がある工事とし、維持管理に該当しない新設・改築等の工事を含まないものとする。

③構成員

　㈠　数

　　　地域や対象となり得る工事の実情に応じ円滑な共同施工が確保できる数とする。

　㈡　組合せ

　　　土木工事業（工事の実情に応じ、建築工事業も可とする。以下同じ。）の許可を有する者を少なくとも一社含む組合せとする。

　㈢　資格

　　　構成員は少なくとも次の四要件を満たす者とする。（注―11）

　　ａ）登録部門に対応する許可業種につき、営業年数が少なくとも数年あること（注―12）。

　　ｂ）当該登録部門について元請として一定の実績を有することを原則とする。

　　ｃ）全ての構成員に、当該許可業種に係る監理技術者となることができる者又は当該許可業種に係る主任技術者となることができる者で国家資格を有する者が存し、工事の施工に当たっては、これらの技術者を工事現場毎に専任で配置し得ることを原則とする。ただし、土木工事業の許可を有する上位等級の構成員が当該許可業種に係る監理技術者又は主任技術者を専任で配置する場合は、他の構成員の配置する技術者の専任を求めないものとする（注―13）。

　　ｄ）地域の地形・地質等に精通しているとともに、迅速かつ確実に現場に到達できること。

　㈣　結成方法

　　　自主結成とする。

④登録

　　　一の企業が各登録機関毎に結成・登録することができる共同企業体の数は、原則として一とし、継続的な協業関係を確保するものとする。

　　　登録時期等は単体企業の場合に準ずる（注―14）。

⑤出資比率

　　　出資比率の最小限度基準は、技術者を適正に配置して共同施工を確保し得るよう、構成員数を勘案して発注機関において定めるものとするが、事業実施量等も勘案し柔軟に設定することとする（注―15）。

⑥代表者の選定方法とその出資比率

　　　代表者は、円滑な共同施工を確保するため中心的役割を担う必要があるとの観点から、土木工事業の許可を有し、かつ、施工能力の大きい者の中から、構成員において決定された者とし、その出資比率は、構成員において自主的に定めるものとする（注―7）。

［共同企業体運用準則注解］

（注―1）

　技術力の結集を必要とする研究開発型工事、実験型工事を除き、対象工事の規模は典型工事に準ずる大規模なものとすることが望ましい。

　この場合において、対象工事の規模は、土木、建築工事にあっては少なくとも5億円程度を下回らず、かつ、発注標準の最上位等級に属する工事のうち相当規模以上のものとすることを原則とする。

　他の工種についても、これに準じて定めるものとする。

（注―2）

　発注標準が極めて高く設定され、最上位等級に属さない企業が注―1にいう工事規模（土木、建築工事にあっては5億円程度）以上の規模の工事を単体企業で施工するものとして発注標準上位置付けられている場合にあっては、発注機関の判断により、一定の基準を定め、当該企業を本項にいう最上位等級に準ずるものとして取り扱うことも差し支えないものとする。

（注―3）

　発注標準が相対的に低く設定されている場合にあっては、最上位等級に属する者のみによる組合せとすることが望ましく、また、施工技術上の特段の必要性がある場合には、第三位等級に属する者を構成員とすることも差し支えない。

（注―4）

　別途他の資格要件、指名基準が適用されるのは当然である。

　また、各発注機関において選定する共同企業体の対象工事の特性等を勘案し、必要に応じ資格要件を追加するものとする。

（注―5）

　国内建設企業にあっては、当該許可業種に係る許可の更新の有無が営業年数の判断の目安として想定される。また、海外建設企業にあっては海外における当該業種の営業年数を確認するものとする。

（注―6）

　出資比率の最小限度基準については、下記に基づき定めるものとする。

　　　　2社の場合30パーセント以上

　　　　3社の場合20パーセント以上

（注―7）

　等級の異なる者による組合せにあっては、代表者は上位等級の者とする。

（注―8）

　現在、規模の大きな企業を構成員として認めて運用している発注機関にあっては、当該運用を特定建設工事共同企業体の運用によって代替すること等により、経常建設共同企業体の目的に沿った運用に段階的に移行するものとする。

（注―9）

　等級の異なる者の組合せによる経常建設共同企業体にあっては、上位等級構成員の等級の発注工事価額以上とするよう配慮するものとする。

（注―10）

　　個別審査において下位等級企業に十分な施工能力があると判断される場合には、直近二等級まで の組合せを認めることも差し支えない。

（注―11）

　　別途他の資格要件、指名基準が適用されるのは当然である。

　　また、各発注機関において、必要に応じ資格要件を追加するものとする。

（注―12）

　　国内建設企業にあっては、当該許可業種に係る許可の更新の有無が営業年数の判断の目安として 想定される。

（注―13）

　　分担施工を行う場合には、各構成員の分担工事及びその価額に応じて技術者を配置するものとする。

　　設計図書又は受発注者間の打合せ記録等の書面で工事を行う時期が明らかにされている場合は、 監理技術者又は主任技術者の専任を求める期間は、契約工期中、実際に施工を行う時のみとする。

（注―14）

　　地域維持型建設共同企業体の登録については、工事の公告後に結成される場合もあり得ることを踏 まえ、定時の登録に加え、必要に応じ随時の登録も活用することとする。

（注―15）

　　出資比率の最小限度基準については、構成員の数に基づき定める場合は下記のとおりとするが、事 業実施量等に基づいた基準とすることも可能とする。

　　　　　　３社の場合20パーセント以上

　　　　　　５社の場合12パーセント以上

○共同企業体運用基準の策定等について

〔昭和63年2月23日　建設省経振発第20・21号〕

建設省建設経済局建設振興課長から　各省各庁の会計課長等
都道府県の土木部長等あて

　昭和62年8月17日付中央建設業審議会建議「共同企業体の在り方について」を受け各発注機関において行われる共同企業体運用基準（以下「基準」という。）の策定等に当たって留意すべき事項については、建設経済局長より別添のとおり通知したところであるが、そのうち記の1による基準の策定に当たっては、上記建議中共同企業体運用準則につき特に別表に掲げる事項に留意の上適正、明確な基準を策定されるようお願いする。

　また、記の3により共同企業体の適正な運営について建設業者へ助言・指導等を行うに当たっては、共同企業体適正運営推進協議会よりその活動状況に関する情報を提供することとしているので活用されたい。

　なお、貴管下特殊法人等に対しても速やかにこの趣旨を徹底されるようお願いする。………各省各庁の会計課長等あて

　なお、貴管下公社等及び市町村に対しても速やかにこの趣旨を徹底されるようお願いする。………都道府県の土木部長等あて

（別表）

項　　目	特定建設工事共同企業体	経 常 建 設 共 同 企 業 体
①性格		・経常建設共同企業体の構成員となり得べき中小建設業者は、中小企業基本法第2条の要件を満たす建設業者、すなわち資本の額又は出資の総額が1億円以下の会社並びに常時使用する従業員の数が300人以下の会社及び個人をいう。 ・従来いわゆる「通年型共同企業体」と呼ばれていた共同企業体の類型に該当する共同企業体を、事実上特定の建設工事の施工を目的として運用している発注機関にあっては、当該運用を特定建設工事共同企業体の運用へと移行すること等により、経常建設共同企業体を、中小建設業者の継続的な協業関係を確保することによりその育成・振興を図ることを目的として活用すること。
②対象工事の種類・規模	・典型工事の規模に関する基準は、それぞれの工事種類の性格、通常有する工事規模等を考慮して、各発注機関において定めること。 ・典型工事以外の工事を特定建設工事共同企業体の対象工事とする場合にあって	

は、特定建設工事共同企業体により真に効果的施工を図り得ると認められる工事を適切に選定し、発注する工事が、特定建設工事共同企業体の対象工事の基準に形式的に該当すると判断される場合であっても、なお、単独企業によって的確かつ円滑な施工が十分確保できると認められる場合にあっては、当該工事を単独企業に発注するものとすること。

・2ないし3億円程度という基準は、特定建設工事共同企業体の効果的活用を確保するために必要な最低限度のものであり、各発注機関が典型工事以外の対象工事の基準を定める場合にあってはこの規模を大幅に上回ることが望ましい。

　特に、既にこの基準を上回る基準を定めて共同企業体を運用している発注機関については、当該基準を引き下げる必要はない。

③構成員
（イ）数

・特定建設工事共同企業体の構成員が5社まで認められる場合としては、共同企業体運用準則注解注—2において示されているとおりであるが、そのうち円滑な共同施工に支障を生じないと認められるかどうかは、

　　① 構成員間における施工能力の格差が小さいこと、
　　② 全ての構成員が、当該工事の施工のために結集することが必要な技術等の全部又は一部を有し、かつ、共同企業体として工事の施工に当たり総合力を発揮することができることによって、当該工事の安定的施工を実質的に図り得ると認められること、
　　③ 運営委員会をはじめとして円滑な共同施工のための体制整備が十分確保され得るものと認められること、
等により判断するものとすること。

・経常建設共同企業体の構成員数は2ないし3社程度とされているが、5社を超える構成員数は円滑な共同施工を著しく困難とするものであり、認められるべきではない。

（ロ）組合せ

・発注標準が極めて高く設定されている場合とは、最上位等級に属さない企業が共同企業体運用準則注解注—1に定める工事規模以上の工事を単独で施工するものとして位置付けられている場合をいうが、その場合、最上位等級に属する企業に準じて取り扱うことができる企業は、最上位等級以外でその発注工事価額の下限が上記規模以上の等級に属する企業で

・経常建設共同企業体は、中小建設業者が継続的な協業関係を確保することによって実質的に施工能力が増大したと認められることが必要であり、経常建設共同企業体の構成員の組合せは、共同企業体の格付けが構成員各個の格付けより昇格するような組合せであることが望ましい。

		ある。	

ある。

・発注標準が相対的に低く設定されている、或いは高く設定されているとの判断は、他の多くの発注機関における同種工事の発注標準の設定の在り方を勘案の上行うべきであるが、最上位等級発注工事価額の下限が５千万円程度を下回る場合、３億円程度を上回る場合はそれぞれ相対的に低く設定されている場合及び相対的に高く設定されている場合といえる。

　この場合、最上位等級発注工事価額の範囲が第二位等級発注工事価額の範囲と重複する場合にあっては、第二位等級発注工事価額の上限をもって最上位等級発注工事価額の下限と看做すことが妥当である。

・発注標準が相対的に高く設定されている場合において、第３位等級に属する企業の構成員とすることを認めるには、個別具体のケースにおいて当該第３位等級に属する企業が当該工事の施工のために必要な能力を有することにより円滑な共同施工に支障がないと判断される場合でなければならないが、その場合の判断は、当該企業が過去において上位等級工事を単独で、或いは共同企業体の構成員として施工した経験がある等相当の施工実績を有する者であることや、過去において上位等級に格付けされていたことがある等の基準に基づく必要があり、安易に例外的な組合せを認めるべきでない。

・直近二等級下位に格付けされている企業が、個別審査において十分な施工能力を有すると判断される場合としては、当該企業が過去において上位等級工事を単独で、或いは共同企業体の構成員として施工した経験がある等相当の施工実績を有する場合や、過去において上位等級に格付けされていたことがある場合等が考えられるが、当該企業が円滑な共同施工を確保するうえで支障のない程度に十分な施工能力を有すると判断される場合にのみ本例外措置を認めるべきであり、安易な運用を認めるべきではない。

（ハ）　資格

・許可を有しての営業年数の基準は、相当の施工実績を有することにより円滑な共同施工に必要な施工能力を十分有すると認められる場合のほかは、３年以上の範囲で各発注機関がそれぞれ定めること。この場合において、資格要件の審査の日以前に許可が取り消されたことがある場合には、それ以前の営業年数を通算することはできないものとすること。

・当該工事の一部の工種を含む工事を元請として施工した施工実績は、発注機関から直接工事を請け負った元請としての施工実績をいうが、必ずしも当該工事を発注する発注機関に係る工事の施工実績である必要はなく、また、公共工事に限定する必要もない。

・当該工事を構成する一部の工種は、当該

・許可を有しての営業年数の基準は、相当の施工実績を有することにより円滑な共同施工に必要な施工能力を十分有すると認められる場合のほかは、３年以上の範囲で各発注機関がそれぞれ定めること。この場合において、資格要件の審査の日以前に許可が取り消されたことがある場合には、それ以前の営業年数を通算することはできないものとすること。

・元請としての一定の実績は、発注機関から直接工事を請け負う元請としての施工実績をいうが、必ずしも当該工事を発注する発注機関に係る工事の施工実績である必要はなく、また、公共工事に限定する必要もない。

特定建設工事共同企業体が施工しようと
する工事と構成員資格としての施工実績
の審査対象となる工事との間の性質上の
関連性を担保するものであり、工事の性
質を決定づける程度に枢要なものである
必要がある。

・同種の工事や否やは、当該特定建設工事
共同企業体が施工しようとする工事と施
工実績の審査対象となる工事との間で工
事内容等の技術的特性につき全体として
相当の類似性を有するかどうかにより判
断するものとすること。

・同種の工事の施工経験は、必ずしも発注
機関より直接工事を請負った元請として
の施工経験である必要はなく、下請とし
て工事施工に参画した場合の施工経験も
含まれるが、その場合同種の工事の枢要
な部分を施工した経験であることが必要
である。

・共同企業体運用準則に示された構成員資
格は最低限のものであり、その他にも、
各発注機関がそれぞれ定める競争参加資
格や指名基準のうち共同企業体にも適用
することが必要なものについては、特定
建設工事共同企業体或いはその構成員に
適用するものとすること。
　また、各発注機関は、特定建設工事共同
企業体の活用目的、対象工事の特性等を
勘案し、その構成員について共同企業体
運用準則に示された資格要件以外の要件
を必要に応じ別途独自に定めるものとす
る。

・共同企業体運用準則に示された構成員資
格は最低限のものであり、その他にも各
発注機関がそれぞれ定める競争参加資格
や指名基準のうち共同企業体にも適用す
ることが必要なものについては、経常建
設共同企業体或いはその構成員に適用す
るものとすること。また、各発注機関
は、経常建設共同企業体の活用目的等を
勘案し、その構成員について共同企業体
運用準則に示された資格要件以外の要件
を必要に応じ別途独自に定めるものとす
る。

・経常建設共同企業体の構成員は、共同企
業体運用準則に示された資格要件を、少
なくとも具体の工事発注の際において満
たしていることが必要である。
　したがって、既に登録されている経常
建設共同企業体であっても、具体の工事
発注の際にいずれかの構成員がこれらの
要件を欠くに至った場合には、発注機関
は当該経常建設共同企業体に工事を発注
すべきでない。

④登録

・登録機関とは、法令により競争参加資格
審査を行い、競争参加資格を有する者の
名簿を作成することとされている機関を
いう。

・一の建設業者が各登録機関毎にただ一つ
の経常建設共同企業体を結成・登録する
ことができるとは、一の建設業者が当該

		登録機関に登録されている複数の異なった経常建設共同企業体の構成員となることができないとする趣旨である。 ・経常建設共同企業体は、中小建設業者の継続的な協業関係を確保することによりその育成・振興を図ることを目的とするものであり、解散、結成を継続的に繰り返す等構成員が継続的な協業関係を形成する意思を有していないものと認められ、単に受注機会の拡大のための方便とみられるものについては指名すべきでない。
⑤出資比率		・経常建設共同企業体の出資比率については、当該共同企業体の資格審査の時点においては構成員の出資比率が定められていないのが通例であるので、各発注機関は具体の工事発注の時点で適正な出資比率が確保されるよう措置すること。
⑥代表者の選定方法とその出資比率	・共同企業体運用準則において特定建設工事共同企業体の代表者は、等級の異なる者の間にあっては上位等級のものとされているが、同一等級の者の間にあっては実質的判断に基づきより大きな施工能力を有すると認められる者とすること。 　その場合の判断基準としては、過去における同種工事の施工実績や経営事項審査による総合数値等を目安とすることができるが、その格差が僅少であることにより両者の施工能力が近接していると合理的に判断される場合にあっては、特定の構成員が発注される工事の施工に必要な特殊技術等を有する場合等のほかは、構成員による自主的な選定を尊重するものとすること。	
⑦共同企業体運用基準の適用	・各発注機関は、共同企業体運用準則に従い共同企業体運用基準を速やかに定め、遅くとも昭和64年度より適用することとされているが、それ以前においても可能な限り早期に新たな基準によって共同企業体の運用が行われることが望ましい。	

◯直轄工事における共同企業体の取扱いについて

〔昭和63年6月1日　建設省厚発第176号〕

最終改正　平成18年10月5日　国地契第61号

建設事務次官から　各地方建設局長あて

　建設工事における共同企業体の在り方に関する中央建設業審議会からの建議を踏まえ、直轄工事における共同企業体の取扱いについては、下記に定めるところによることとしたので、適切な運用を図るよう措置されたい。

　なお、「大規模工事共同企業体の取扱いについて」（昭和53年11月11日付け建設省厚発第399号）は、廃止する。

記

第1　特定建設工事共同企業体

　大規模であつて技術的難度の高い工事等について、確実かつ円滑な施工を図ることを目的として結成する共同企業体（以下第1において「特定建設工事共同企業体」という。）により競争を行わせる必要がある場合の取扱いは、次のとおりとする。

1　対象工事等

(1)　特定建設工事共同企業体により競争を行わせることができる工事は、次の各号に掲げる施設でそれぞれ当該各号に定める規模の工事であつて、かつ、当該工事の確実かつ円滑な施工を図るために特定建設工事共同企業体により競争を行わせる必要があると認められるものとする。

　一　ダム　工事費がおおむね100億円以上のもの

　二　堰、水門、放水路、排水機場、導水路、トンネル、地下駐車場及び共同溝　工事費がおおむね50億円以上のもの

　三　建築物　工事費がおおむね30億円以上のもの

　四　橋梁並びに建築物から分離発注される電気設備及び暖冷房衛生設備　工事費がおおむね20億円以上のもの

(2)　前各号に掲げる施設で、当該施設の工事費が前各号の最低規模の2分の1を超え、かつ、特殊な技術等を要する工事であつて確実かつ円滑な施工を図るため技術力等を特に結集する必要があると認められるものについては、特定建設工事共同企業体により競争を行わせることができるものとする。

(3)　(1)又は(2)の規定により、特定建設工事共同企業体により競争を行わせることができる工事について、特定建設工事共同企業体以外の有資格業者（地方支分部局工事請負業者選定事務処理要領（昭和41年12月23日付け建設省厚発第76号。以下「選定要領」という。）第7第1項第2号の規定により一般競争参加資格があると認定された者をいう。以下同じ。）であつて当該工事を確実かつ円滑に施工することができると認められるもの（以下「単体有資格業者等」という。）があるときは、特定建設工事共同企業体により行わせる競争に

119

当該単体有資格業者等の参加を認めるものとする。

2　特定建設工事共同企業体の内容

(1)　構成員の数

構成員の数は、2又は3社とし、工事ごとに地方整備局長（以下「部局長」という。）が定めるものとする。

(2)　組合せ

構成員の組合せは、発注工事に対応する工事種別（選定要領第3に定める工事種別をいう。以下同じ。）の有資格業者の組合せとするものとする。

(3)　構成員の技術的要件等

すべての構成員が、次の各号の要件を満たすものとする。

一　当該工事を構成する一部の工種を含む工事について元請としての施工実績があり、かつ当該工事と同種の工事の施工実績を有する者でなければならないものとして、部局長が工事ごとに定める工事の施工実績に関する要件を満たす者であること。

二　発注工事に対応する建設業法（昭和24年法律第100号）の許可業種につき、許可を有しての営業年数が5年以上あること。ただし、相当の施工実績を有し、確実かつ円滑な共同施工が確保できると認められる場合においては、許可を有しての営業年数が5年未満であつてもこれを同等として取扱うことができるものとする。

三　発注工事に対応する建設業法の許可業種に係る監理技術者又は国家資格を有する主任技術者を工事現場に専任で配置することができること。

(4)　出資比率要件

すべての構成員が、均等割の10分の6以上の出資比率であるものとする。

(5)　代表者要件

代表者は、最大の施工能力を有する者とする。また、代表者の出資比率は、構成員中最大であるものとする。

3　資格審査等

(1)　部局長は、特定建設工事共同企業体により競争を行わせようとするときは、あらかじめ、その旨及び次の各号に掲げる事項を公示し、これにより資格認定の申請を行わせるものとする。

一　特定建設工事共同企業体により競争を行わせる工事である旨及び当該工事名

二　工事場所

三　工事の概要

四　資格審査申請書の受付期間及び受付場所

五　特定建設工事共同企業体の構成員の数、組合せ、構成員の技術的要件等、出資比率要件及び代表者要件

六　認定資格の有効期間

七　その他部局長が必要と認める事項

(2)　部局長は、(1)の申請を受けた特定建設工事共同企業体について、資格審査を行い、適格

なものを有資格業者として認定するものとする。この場合において、特定建設工事共同企業体の総合点数の算定方法については、地方支分部局において工事請負業者の資格を定める場合の総合点数の算定要領（昭和41年12月23日付け建設省厚発第79号）第5によるものとする。ただし、同要領第5第1項に規定する「共同企業体の資格審査要領（昭和37年11月27日付け建設省発計第79号）」の内容中、第4項の級別格付の調整は、適用しないものとする。

(3)　(2)による認定は、認定の対象となつた工事についてのみ有効とするものとする。

第2　経常建設共同企業体

中小・中堅建設業の振興を図るため、優良な中小・中堅建設業者が継続的な協業関係を確保することにより、その経営力・施工力を強化することを目的として結成された共同企業体（以下第2において「経常建設共同企業体」という。）を契約の相手方とする場合の取扱いは、次のとおりとする。

1　対象工事

経常建設共同企業体による施工対象工事は、原則として、当該共同企業体の各構成員が認定された等級のうち最上位の等級に対応する契約予定金額以上の規模の工事とするものとする。

2　経常建設共同企業体の内容

(1)　構成員の数

構成員の数は、2又は3社とする。ただし、継続的な協業関係が確保され、円滑な共同施工に支障がないと認められるときは、5社までとすることができるものとする。

(2)　組合せ

構成員の組合せは、次の各号の要件を満たすものとする。

一　資本の額若しくは出資の総額が20億円以下の会社又は常時使用する従業員の数が1500人以下の会社若しくは個人による組合せであること。

二　同一の等級又は直近の等級に認定された有資格業者又はこれと同等と認められる者の組合せであること。ただし、下位の等級業者等に十分な施工能力があると判断される場合には、直近二等級までに認定された有資格業者の組合せを認めることも差し支えないものとする。なお、これらの組合せの要件に適合している有資格業者の組合せが、以後において当該組合せの要件に適合しなくなつた場合にも、継続的な協業関係を維持しているときに限り、当該組合せの要件に適合しているものとみなすものとすること。

(3)　構成員の技術的要件等

すべての構成員が、次の各号の要件を満たすものとする。

一　当該工事と同種の工事について元請としての施工実績を有すること。ただし、元請としての施工実績がない構成員で当該工事を確実かつ円滑に共同施工できる能力を有すると認められる場合にあつては、下請としての施工実績を有することで足りるものとする。

二　発注工事に対応する建設業法の許可業種につき、許可を有しての営業年数が3年以上

あること。ただし、相当の施工実績を有し、確実かつ円滑な共同施工が確保できると認められる場合においては、許可を有しての営業年数が3年未満であつてもこれを同等として取扱うことができるものとする。

　三　工事1件の請負代金の額が、建設業法施行令（昭和31年政令第273号）第27条第1項で定める金額にあつては、発注工事に対応する建設業法の許可業種に係る監理技術者又は国家資格を有する主任技術者（地域における技術者の分布状況からみて、国家資格を有する主任技術者を工事現場に専任で配置することが過重な負担を課することとなると認められる場合にあつては、国家資格を有しない主任技術者。以下同じ。）を工事現場に専任で配置することができること。ただし、工事1件の請負代金の額が、建設業法施行令第27条第1項で定める金額の最低規模の3倍未満であり、他の構成員のいずれかが監理技術者又は国家資格を有する主任技術者を工事現場に専任で配置する場合においては、残りの構成員は、監理技術者又は国家資格を有する主任技術者を工事現場に兼任で配置することで足りるものとする。

(4)　出資比率要件

　　すべての構成員が、均等割の10分の6以上の出資比率であるものとする。

(5)　代表者要件

　　代表者は、構成員において決定された者とするものとする。

3　登録

(1)　登録できる数

　　一の企業が地方整備局ごとに登録することができる経常建設共同企業体の数は、1とするものとする。ただし、共同企業体が営業区域を異にしているとき等で継続的な協業関係を維持する上で差し支えないと判断される場合に限り、当分の間、3までとすることができるものとする。

(2)　一の企業としての登録の制限

　　同一の工事種別において、経常建設共同企業体として登録する場合には、当該経常建設共同企業体の構成員の一の企業としての登録は取り消すものとする。

第3　実施期日等

(1)　この通達は、昭和63年6月1日から実施するものとする。

(2)　この通達の実施日において、現に存する共同企業体の取扱いについては、昭和63年度に限り、なお従前の例によることができるものとする。

(3)　この通達の実施日前に共同企業体と請負契約を締結した工事で未完了のものについては、この通達の実施日後においても、当該工事が完了するまでの間、当該工事について当該共同企業体を契約の相手方とすることができるものとする。

○共同企業体運営指針について

〔平成元年5月16日　建設省経振発第52号〕

建設経済局長から　建設業者団体の長あて

　標記については、1昨年8月の中央建設業審議会第2次答申—共同企業体の在り方—を受け、共同企業体が構成員の信頼と協調の下に円滑に運営されるよう、共同企業体の施工体制、管理体制、責任体制その他基本的な運営方法に係る指針として、今般、別添のとおり「共同企業体運営指針」を定めたところである。

　ついては、貴団体におかれても、本指針策定の趣旨をご理解のうえ、貴会さん下の建設業者に対し、共同企業体の現場運営への積極的な普及、活用の推進方をお願いする。

〔平成元年5月16日　建設省経振発第53号〕

建設経済局長から　各都道府県知事あて

　標記については、1昨年8月の中央建設業審議会第2次答申—共同企業体の在り方—を受け、共同企業体が構成員の信頼と協調の下に円滑に運営されるよう、共同企業体の施工体制、管理体制、責任体制その他基本的な運営方法に係る指針として、今般、別添のとおり「共同企業体運営指針」を定め、建設業者団体の長あて、その活用方について依頼したところであるので、貴職におかれても、所管建設業者団体に対し適切な指導を行われたくお願いする。

　なお、貴管下公社等及び市町村に対しても速やかに同指針の回付方をお願いする。

〔平成元年5月16日　建設省経振発第54号〕

建設経済局長から　各省各庁の官房長等あて

　標記については、1昨年8月の中央建設業審議会第2次答申—共同企業体の在り方—を受け、共同企業体が構成員の信頼と協調の下に円滑に運営されるよう、共同企業体の施工体制、管理体制、責任体制その他基本的な運営方法に係る指針として、今般、別添のとおり「共同企業体運営指針」を定め、建設業者団体の長あて、その活用方について依頼したところであるので、参考までに送付する。

　なお、貴管下特殊法人等に対しても速やかに同指針の回付方をお願いする。

（別添）

共同企業体運営指針

(1)　趣　旨

　共同企業体は、複数の構成員が技術・資金・人材等を結集し、工事の安定的施工に共同して当たることを約して自主的に結成されるものである。社風、経営方針、技術力、経験等の異なる複数の構成員による共同企業体の効果的な活用が図られるためには、共同企業体の運営が構成員相互の信頼と協調に基づき円滑に行われることが不可欠である。

　本指針は、共同企業体が構成員の信頼と協調のもとに円滑に運営されるよう、その施工体制、

管理体制、責任体制その他基本的な運営のあり方を示したものであり、個別の共同企業体において それぞれ工事の規模・性格等その実状に合わせて策定することが期待される各種規則等の決定 に当たって、準拠すべき基準として普及・活用を図ることにより、運営に係るトラブルの未然防 止及び運営の円滑化に資することを目的とするものである。

なお、本指針は工事ごとに結成される特定建設工事共同企業体において活用されることを想定 しているが、継続的な協業関係を保ちつつ工事を行う経常建設共同企業体についても、基本的に は本指針の趣旨に沿った適正な運営が望まれるところである。

(2) 運営委員会

運営委員会は、共同企業体の運営に関する基本的かつ重要な事項を協議決定する最高意思決定 機関であり、この場においては、構成員全員が十分に協議したうえで工事の完成に向けての公正 妥当な意思決定が行われる必要がある。その際、代表者の独断・専行等の弊害を誘発し、共同企 業体の円滑な施工を確保するうえでの前提である構成員間の信頼と協調が損なわれることのない よう、各構成員を代表する運営委員への適切な権限の付与、適正な開催時期・手続きの採用及び 付議すべき事項の整理等についての合意形成が行われていなければならない。

このため、準備委員会及び運営委員会の設置等にあたっては、次のとおりその公正化・明瞭化 を図り、運営委員会の適正な機能を確保することとする。

1　準備委員会の設置

準備委員会は、共同企業体の結成から運営委員会設置までの間、必要に応じて設けるものと し、原則として次に掲げる事項について協議決定する機能を有するものとする。

① 協定書の作成

② 工事金額の見積

③ 規則等（案）の作成

④ 工事事務所（作業所）編成（案）の作成

⑤ その他付議を要すると認められる事項

2　運営委員会の設置と委員のあり方

運営委員会は、工事の受注が決定した段階で遅滞なく設置するものとし、その委員について は各構成員の立場を代表し得る者をもって充てることとする。また、運営委員会の構成は、権 限と責任を有する運営委員、運営委員の代理となる運営委員代理及び機成員間での連絡を円滑 に図るための幹事を各構成員がそれぞれ１名ずつ配置し、代表者から選任された運営委員が運 営委員会の委員長となることを原則とする。ただし、対象工事の規模・性格等を勘案して必要 と認められる場合にあってはこれと異なった取扱いをすることも差し支えない。

3　開催時期・手続き

運営委員会は、下記４に掲げる事項について協議する必要が生じたときに開催するものと し、工事の規模・性格等にかかわらず、受注決定後すみやかに開催するほか、少なくとも実行 予算編成時、決算書（案）承認時において開催するものとする。

開催手続きは、原則として委員長が必要に応じて招集するものとするが、公平性の観点から

他の委員からも招集できる制度を確立しておく必要があり、これら一切の手続きについては、運営委員会規則に明記しておくものとする。

4　付議事項

　運営委員会は、施工委員会（作業所委員会）その他の専門委員会の権限を尊重しつつ、工事現場での工事の円滑な施工を図る意味から、1に掲げる事項についての案を承認するほか、共同企業体の運営に係る次に掲げる基本的かつ重要な事項をその付議事項とする必要がある。

　なお、これら運営委員会の意思決定についての決裁方法については、予め運営委員会規則に定めておくものとする。

① 組織・編成及び工事の施工の基本に関する事項

　　（組織、規則等の整備等施工体制の確立に係る事項を含む。）

② 実行予算及び決算書（案）の承認に関する事項

③ 設計変更、追加工事の承認に関する事項（軽微なものを除く。）

④ 取引業者の決定及び下請契約等の決定に関する事項（軽微なものを除く。）

⑤ その他付議を要すると認められる事項

(3)　現場運営組織の設置

　共同企業体による工事の施工が円滑かつ効率的に実施されるためには、構成員が運営委員会において十分な協議を行うことはもとより、現場においても運営委員会で決定された方針に即して全ての構成員が緊密な意思疎通を図り、協調して工事の施工に当たらなければならない。そのため、各構成員の意思を現場運営に反映することができるよう、次に掲げる事項に配慮して、適正な現場運営組織体制の整備を図ることが必要である。

1　工事事務所（作業所）の組織

　工事事務所（作業所）の組織については、編成表を作成すること等により現場における指揮命令系統及び責任体制を明確にすべきことはいうまでもないが、その際、構成員間の現場における権限調整等からするポストの設置は避けるものとし、単体施工の場合における組織編成と同様、円滑かつ効率的な工事施工の観点から組織するものとする。

2　施工委員会（作業所委員会）等の設置

　工事の施工を円滑に実施するため、法令によりその設置を義務付けられるもののほか、現場における工事の施工に関する全ての基本的事項を協議決定する機関として運営委員会のもとに施工委員会（作業所委員会）を設置するものとする。

　なお、工事の規模・性格等によっては専門的事項を協議決定する機関として、購買委員会、技術委員会等施工委員会（作業所委員会）の機能を分化・補完する専門委員会を設ける必要も生じるが、その場合においては、運営委員会において十分協議し、少なくとも当該専門委員会の設置目的を明確にしたうえで、その設置を決定するものとする。

3　各専門委員会の委員のあり方

　施工委員会（作業所委員会）等の各専門委員会は、工事現場での実務について機動的に対処し得る体制が必要とされることから、その委員は努めて各構成員から現場に派遣される職員を

もって充てるものとするが、必要に応じて各構成員から現場職員以外の職員を委員として派遣することができるものとする。

4　各専門委員会規則等

　各専門委員会がその役割を十分果たし、共同施工が円滑に遂行されるためには、構成員間の合意を規則等として整備し、各々の専門委員会が公正かつ合理的に運営され得る体制を確保する必要がある。

　また、各専門委員会で決定された重要な事項については、適時かつ正確に運営委員会へ報告されなければならず、工事の円滑な共同施工に向けて委員会間の事務連絡、情報交換も十分行われる必要がある。

　したがって、各専門委員会規則等の整備に当たっては、その目的、権限、構成、開催・議事方法及び付議事項を明確に定めるほか、各専門委員会から運営委員会及び他の専門委員会へ報告・協議すべき事項についても規定することとする。

⑷　規則等による円滑な運営の確保

　共同企業体の組織が効果的に働き、円滑かつ効率的な共同施工を確保するためには、運営委員会、各専門委員会及び工事事務所（作業所）組織が整備され、各々その機能が十分に発揮されるとともに、構成員が密接な連携を保つことが必要である。

　このため、公正性、効率性、協調性各々の観点から、業務の処理要領についての構成員間の合意を規則等として明文化することにより、全ての構成員が信頼と協調をもって共同施工に参画し得る体制を確保する必要がある。

　以上の点から規則等の整備に当たっては、以下の事項に留意しつつ、構成員間で十分協議して決定するものとする。

1　規則等の策定方法

　①　規則等は、原案を準備委員会で作成し、運営委員会の承認をもって決定することを原則とする。

　②　運営委員会で承認された規則等は各構成員が記名捺印し、各々一通を保有する。

　③　以後に生じた改廃事項については①、②に準じ覚書として作成する。

　④　規則等の内容の決定に当たっては、各専門委員会の専決事項及び決裁担当部署を明確に定めておくこととする。

2　主要規則等の整備

　法令に基づいて整備が義務付けられているもの及び各委員会の設置に伴うもののほか、少なくとも次に掲げる経理取扱規則、工事事務所（作業所）庶務規則及び瑕疵担保責任等に係る覚書等についてその整備を行うものとする。

　①　経理取扱規則

　　経理取扱規則においては、少なくとも次に掲げる事項を定めるものとする。

　　・経理処理担当構成員

　　・経理部署の所在場所

・会計期間

・会計記録の保存期間

・勘定科目及び帳票書類に関する事項

・決算及び監査に関する事項

・資金の出資方法及び時期に関する事項

・前払金等の取扱いに関する事項

・下請代金等の支払に関する事項

・工事代金の請求に関する事項

・取引金融機関に関する事項

・会計報告に関する事項

・原価算入費用及び各構成員が負担すべき費用に関する事項

②　工事事務所（作業所）庶務規則

　　工事事務所（作業所）庶務規則においては、次に掲げる事項のうちから現場において必要なものを定めるものとする。

・組織に関する事項

・人事に関する事項

・就業に関する事項

・その他必要と認められる事項

③　瑕疵担保責任等に係る覚書等

　　工事の施工に伴う損害発生時の責任分担を明確にするため、少なくとも以下に掲げる事項については、工事着工前に運営委員会等で十分に協議し、損害保険等の活用を含め、その負担額の確定手順、費用の分担基準及び請求手続きを覚書等に規定しておくものとする。

・工事竣工後の瑕疵担保責任に関する事項

・火災、天災等に起因する損害に関する事項

・業務遂行に伴う損害賠償に関する事項

(5)　技術者等の適正な配置

　共同企業体による工事の施工が円滑かつ効率的に実施されるためには、全ての構成員が施工しようとする工事にふさわしい技術者を適正に配置し、共同施工の体制を確保しなければならない。したがって、各構成員から派遣される技術者等の数、質及び配置等は、信頼と協調に基づく共同施工の確保という観点から、工事の規模・性格等に応じて適正に決定される必要がある。

　このため、編成表の作成等現場職員の配置の決定に当たっては、次の事項に配慮するものとする。

①　工事の規模・性格、出資比率等を勘案し、各構成員の適正な配置人数を確保すること。

②　構成員間における対等の立場での協議を確保するため、派遣される職員はポストに応じ経験、年齢、資格等を勘案して決定すること。

③　特定の構成員に権限が集中することのないよう配慮すること。

④　各構成員の有する技術力が最大限に発揮されるよう配慮すること。

(6)　現場就業環境の整備

　現場における労働意欲を増し、能率的に作業を進めていくためには、共同企業体としての適正な就業条件を整備するとともに、厳格に安全衛生管理を実施することが必要不可欠である。

　その場合、各構成員の就業規則、安全衛生管理方針は各々異なっていることから、公平な就業条件と一元的な安全衛生管理のもとで、作業環境の快適性を保ち、構成員間の協調性、公正性が損なわれることのないよう配慮することが必要である。

　このため、以下の点に留意して、運営委員会等において適正な措置を講ずるものとする。

1　公平な就業条件の確保

　現場における職員の就業条件の統一化に配慮して、少なくとも、労働時間、休暇・休日及び災害補償等現場における就業に関する構成員間の取り決めを行うものとし、その場合、現場で働く各構成員の職員にとって最も適正な条件となるよう配慮して決定するものとする。

2　安全衛生管理の理解の向上

　作業環境の整備を図り、職員の安全と健康を確保するため、以下の点に留意し全職員の安全衛生意識の向上に努めるものとする。

①　安全衛生管理に係る計画等の策定に当たっては、安全衛生管理費用に対する共通の認識を確保するうえからも構成員間で十分協議するものとする。

②　策定された安全衛生管理に係る計画等は掲示、閲覧等により全職員への周知徹底を行い、現場における安全衛生管理の理解の向上を図るものとする。

(7)　会　計

　会計処理の方法を異にする構成員からなる共同企業体において、損益計算、原価管理が的確に実施されるためには、その前提となる会計処理が構成員間で合意された統一的基準に基づき、迅速、明瞭かつ一元的に行われる必要がある。したがって、共同企業体で採用されるべき会計処理方法については構成員間で予め取り決めをしておかなければならない。

　また、共同企業体の会計処理は公正性、明瞭性を確保する必要から共同企業体独自の会計単位を設けて行われる必要がある。

　以上の点から、次に掲げる諸事項を考慮して経理取扱規則等を定めるものとする。

1　現場主義会計の必要性

　構成員に対して会計処理の信頼性を担保するため、共同企業体の会計処理は努めて現場において行うこととするが、共同企業体の規模・性格等によっては効率性の観点から、代表者の本社電算システム等を適宜活用することも差し支えない。

2　会計の明瞭性の確保

　全ての構成員に対して開かれた会計とするため、原則として月一回定期的に構成員に対する会計報告を実施するものとするほか、構成員からの求めに応じ、随時会計情報の開示を行うこととする。

3　前払金等の取扱い

　前払金、中間金、精算金の受領、取扱い及び入出金方法等については、各々の代金の性格、共同企業体としての資金計画等を勘案のうえ定めるものとする。

4　計画的出資の確保

　構成員からの資金の円滑な拠出を図るため、工事資金の出資については工程計画等を勘案のうえ事前に策定する出資計画に基づき出資の請求を行うほか、出資手続きについても定めるものとする。

(8)　適正な原価管理の確保

　適正な原価管理の確保は共同企業体として不必要な費用の発生を防止し、的確な予算管理を行ううえで必要不可欠なものである。このため、実行予算の作成に当たっては協定（共通）原価の範囲の明確化による工事原価の的確な把握が行われ、その執行に当たっては実行予算書に基づいた適切な予算・実績管理が行われることが肝要であることから、次に掲げるところにより明確な基準を設定するものとする。

1　協定（共通）原価

　協定（共通）原価の基準、範囲については、運営委員会において定めておくものとするが、少なくとも次に掲げる経費のうち構成員に対して支払うものについては、その取扱いを明確に定めるものとする。

①　事前経費

②　見積費用

③　人件費

④　本社事務経費

⑤　電算処理費

⑥　仮設材料及び工事用機械等並びに工業所有権等の使用料

2　実行予算

　実行予算作成に当たっては、仮設工事、土工事等工事種別ごとに材料費、労務費、外注費、経費等の区分で整理を行い、実行予算と実績を対比し得るように作成するものとする。

　なお、工事実績と実行予算の対比について定期的に運営委員会に対して報告を行うものとし、予算と実績の間に重要な差異が予想される場合又は生じた場合は、その都度理由を明らかにし、運営委員会の承認を得るものとする。

3　決　算

　決算の手続きは、法令、協定書その他共同企業体の規則等に定める事項に準拠し行うほか、次に掲げる項目に沿って行うものとする。

①　未精算勘定の整理

②　税務計算上の必要資料の整理

③　残余資産の処分

④　未発生原価の見積

⑤　決算書（案）の作成と対象書類等の監査

⑥　決算書（案）の承認

4　監　査

　　共同企業体の適正な業務執行及び適正な協定（共通）原価の実現を担保するため、原則として決算書（案）作成後、適切かつ公正な監査を行うこととし、運営委員会においては次の事項に留意して、少なくとも監査委員の選出及び権限、監査対象並びに監査報告の手続きを予め定めておくものとする。

①　監査委員については、原則として全ての構成員が、当該構成員を代表し得る者を選定して充てるものとする。

②　監査の対象は、原則として決算書（案）及び全ての業務執行に関する事項とする。

③　監査報告書は、全ての監査委員が監査結果を確認のうえ運営委員会に提示するものとし、少なくとも次に掲げる事項を記載するものとする。

(1)　監査報告書の提出先、日付

(2)　監査方法の概要

(3)　監査委員の署名捺印

(4)　対象とした決算書（案）等が法令等に準拠し作成されているかどうかについての意見

(5)　対象とした決算書（案）等が協定書その他共同企業体の規則等に定める事項に従って作成されているかどうかについての意見

　　　（注1）　ここにいう決算書（案）は貸借対照表、損益計算書、工事原価報告書、資金収支表及び附属明細書とする。

　　　（注2）　より適正な原価を確保する観点から、共同企業体の監査は上記のとおり行われることが望ましいが、構成員間の合意に基づき簡易な監査が行われている現在の実態に鑑み、当分の間、監査の目的を達し得る範囲内において、上記手続きと異なった取扱いを定めることも差し支えない。

⑼　**下請業者、資機材業者決定の適正化**

　　構成員間の信頼と協調を前提とする共同企業体の工事施工に当たっては、単体による施工の場合と同様、円滑かつ効率的な施工の確保の観点から下請業者、資機材業者の決定が適正に行われなければならないことはいうまでもない。

　　しかしながら、各構成員はそれぞれ協力会社等の下請業者、資機材業者を異にすることが通例であり、このことから下請業者等の決定いかんによっては共同企業体としての効果的な活用が期待されないのみならず、工事の的確な施工の確保に支障を生ずることも考えられ、その決定は公正かつ明瞭に進められなければならない。

　　このため、次のとおり施工委員会（作業所委員会）等において適正な下請業者等の決定手続き等を定めるものとする。

1　下請業者決定手続きの明確化

　　下請業者の決定は以下の手続きにより公正かつ明瞭に行うことを原則とする。

①　各構成員より希望工種ごとに下請業者の推薦を受けるものとする。

②　下請業者の審査は、施工能力、雇用管理及び労働安全管理の状況、労働福祉の状況、下請との取引の状況等を総合的に勘案して行い、優良な下請の選定を図るものとする。

③　下請業者の選定は原則として複数とし、施工委員会（作業所委員会）等において行うものとする。

④　選定業者に対しては、遅滞なく工期、工事内容、仕様書、図面見本等を明示し、入札によるかあるいは、見積書を徴求して、その内容を施工委員会（作業所委員会）等で検討のうえ運営委員会において下請業者の決定を行うものとする。

2　適正な下請業者管理

　　下請業者の管理については、円滑な共同施工の確保という観点から、原則として施工委員会（作業所委員会）等が適正な指導、助言、その他の援助を行うものとするほか、以下の事項に留意して下請業者による適切な施工管理が実施されるよう指導するものとする。

①　施工方法の協議及び技術力の確保

②　品質管理の確保

3　資機材業者決定手続きの明確化

　　資材業者の決定は価格、品質、納期等を勘案し、下請業者決定の手続きに準じて行うものとする。

　　また、機材業者の決定に当たっては、施工工種、工法に適した機材の選定に留意するものとする。

○共同企業体運営モデル規則について

〔平成 4 年 3 月27日　建設省経振発第33号〕

建設省建設経済局長から　建設業者団体の長あて

　共同企業体の運営については、「共同企業体運営指針について」（平成元年 5 月16日付建設省経振発第52号）により、共同企業体が構成員の信頼と協調の下に円滑に運営されるよう鋭意ご配慮いただいているところであるが、共同企業体運営指針の趣旨に沿った適正な規則等の整備を促進するため、今般、共同企業体適正運営推進協議会において別添のとおり「共同企業体運営モデル規則」が定められたところである。

　ついては、貴団体についても、本モデル規則策定の趣旨をご理解の上、貴会さん下建設業者に対し、共同企業体の現場運営への積極的な普及、活用の推進方をお願いする。

（別添）

共同企業体運営モデル規則

1　趣　旨

　共同企業体は、複数の構成員が技術・資金・人材等を結集し、工事の安定的施工に共同して当たることを約して自主的に結成されるものである。社風、経営方針、技術力、経験等の異なる複数の構成員による共同企業体の効果的な活用が図られるためには、共同企業体の運営が構成員相互の信頼と協調に基づき円滑に行われることが不可欠である。

　平成元年 5 月16日付建設省経振発第52号「共同企業体運営指針について」において示された「共同企業体運営指針」（以下「運営指針」という。）は、共同企業体が構成員の信頼と協調のもとに円滑に運営されるよう、その施工体制、管理体制、責任体制その他基本的な運営の在り方を示したものであり、実際の工事の施工に当たっては共同企業体において運営指針の趣旨に沿った運営に関する規則等を整備することが必要であるとされている。

　本モデル規則は、運営指針の趣旨をより具現化したものであり、共同企業体の規則等において定めるべき事項を具体的に示すものである。これにより、これまで規則等を整備していなかったり、又は、十分なものとはいえない規則等によって運営されていた共同企業体において、運営指針の趣旨に沿った適正な規則等の整備を促進し、もって共同企業体の運営の適正化が図られることを期待するものである。

2　性　格

(1)　本モデル規則は、共同企業体が公共工事の施工に当たるため「特定建設工事共同企業体協定書（甲）」（昭和53年11月 1 日付建設省計振発第69号）に基づき結成されていることを前提としているが、その他の場合においても、基本的には本モデル規則に準じた規則等を整備することにより、運営指針の趣旨に沿った適正な運営が確保されることが望まれるところである。

(2)　本モデル規則の作成に当たっては、その実用性に留意しつつ、運営指針に示された基本的な考え方に基づき全ての構成員が信頼と協調をもって共同施工に参画し得る体制を確保する

ことを主眼において検討を行い、共同企業体の運営の在るべき姿を追求した。したがって、現在の業界の運営の実態とは必ずしも一致しない部分があるが、こうした部分についても将来的には実態が本モデル規則に示した姿へと向かうことが望ましいと考えるものである。

(3)　本モデル規則はあくまでも共同企業体の円滑な運営のためのルールの標準的なものを示すものであり、共同企業体の運営に当たって、各種規則等を作成する際の雛形として工事の規模・性格等その実情に合わせて適宜変更することを拘束するものではないが、その場合にあっても本モデル規則の趣旨に十分配慮することが必要である。また、規則等の作成に当たっては、構成員間で十分に協議の上、構成員の合意に基づきその内容を決定しなければならないことは当然である。

3　共同企業体運営モデル規則の構成

本モデル規則は、共同企業体において少なくとも整備すべき次に掲げる規則等について本則及び注解により構成する。

① 運営委員会規則……共同企業体の最高意思決定機関としての位置付けとその機能の定め

② 施工委員会規則……工事の施工に関する事項の協議決定機関としての位置付けとその機能の定め

③ 経 理 取 扱 規 則……経理処理、費用負担、会計報告等に関する定め

④ 工事事務所規則……工事事務所における指揮命令系統及び責任体制に関する定め

⑤ 就　業　規　則……工事事務所における職員の就業条件等に関する定め

⑥ 人 事 取 扱 規 則……管理者の要件、派遣職員の交代等に関する定め

⑦ 購 買 管 理 規 則……取引業者及び契約内容の決定手続等に関する定め

⑧ 共同企業体解散後の瑕疵担保責任に関する覚書……解散後の瑕疵に係る構成員間の費用の分担、請求手続等に関する定め

4　共同企業体運営モデル規則

【運営委員会規則】

（総則）

第1条　共同企業体協定書第19条に基づき運営委員会規則を定める、同協定書第9条に基づき設置される運営委員会（以下「委員会」という。）の運営は、この規則の定めるところによる。（注―1）

（目的）

第2条　この規則は、委員会の権限、構成、運営方法等について定めることにより、共同企業体の運営を円滑に行うことを目的とする。

（権限）

第3条　委員会は、共同企業体の最高意思決定機関であり、第6条に定める共同企業体の運営に関する基本的事項及び重要事項を協議決定する権限を有する。

（構成）

第4条　委員会は、各構成員を代表する委員各1名をもって組織する。（注―2、3）

2　委員に事故があるときは、あらかじめ各構成員が定めた委員代理が、その職務を代理する。
（注―3）

3　委員会に、委員を補佐し、構成員間の連絡を円滑に図るため、各構成員より選任された幹事各1名を置く。（注―3）

4　委員会には、必要に応じ専門委員会の委員、その他の関係者を出席させることができる。

5　各構成員は、委員、委員代理又は幹事が人事異動その他の理由によりその職務を遂行できなくなったときは、他の構成員に文書で通知し、交代させることができる。

（委員長）

第5条　委員会に委員長を置き、代表者から選任された委員がこれに当たる。（注―3）

2　委員長は、委員会の会務を総理する。

3　委員長に事故があるときは、委員又は委員代理のうちから委員長があらかじめ指名する者が、その職務を代理する。

（付議事項）

第6条　委員会に付議すべき事項は、次のとおりとする。

一　工事の基本方針に関する事項

二　施工の基本計画に関する事項

三　安全衛生管理の基本方針に関する事項

四　工事実行予算案の承認に関する事項

五　決算案の承認に関する事項

六　協定原価（共同企業体の共通原価に算入すべき原価）算入基準案の承認に関する事項

七　実行予算外の支出のうち、重要なものの承認に関する事項

八　工事事務所の組織及び編成に関する事項

九　取引業者の決定及び契約の締結に関する事項（軽微な取引に係るものを除く）

十　発注者との変更契約の締結に関する事項

十一　規則の制定及び改廃に関する事項

十二　損害保険の付保に関する事項

十三　その他共同企業体の運営に関する基本的事項及び重要事項

（開催及び招集）

第7条　委員会は、工事の受注決定後、速やかに開催するほか、次に該当する場合に開催する。

一　委員長が必要と認めた場合

二　委員から委員会に付議すべき事項を示して、招集の請求があった場合

2　委員会は、委員長が招集する。

3　委員長は、委員会の招集に当たっては、その開催の日時、場所及び議題をあらかじめ委員に通知しなければならない。

（議決等）

第8条　委員会の会議の議長は、委員長がこれに当たる。

2　委員会の議決は、原則として全ての委員の一致による。

3　委員長は、やむを得ない事由により、委員会を開く猶予のない場合においては、事案の概要を記載した書面を委員に回付し賛否を問い、その結果をもって委員会の議決に代えることができる。

4　委員会の議事については議事録を作成し、出席委員の捺印を受けた上で、委員長がこれを保管するとともに、その写しを各構成員に配布する。

（専門委員会）

第9条　委員会は、工事の施工を円滑に行うため、運営委員会の下に施工委員会を設置するとともに、必要に応じ、次に掲げる専門委員会を設置する。

一　安全衛生委員会

二　購買委員会

三　技術委員会

四　その他の専門委員会

2　専門委員会は、共同企業体の各構成員から選任された委員をもって構成する。

（規則）

第10条　委員会は、共同企業体の運営を円滑に行うため、次に掲げる規則を定める。

一　施工委員会規則

二　経理取扱規則

三　工事事務所規則

四　就業規則

五　人事取扱規則

六　購買管理規則

七　その他の規則

2　委員会は、専門委員会（施工委員会を除く。）を設置する場合、それぞれの委員会規則を定める。

3　委員会で定められた規則は、各構成員が記名捺印し、各々一通を保有する。

（事務局）

第11条　委員会には事務局を設置することとし、代表者の○○内に置く。

（運営委員会名簿）

第12条　委員会は、別記様式により運営委員会名簿を作成、保管するとともに、その写しを各構成員に配布する。

　　　　○○年○○月○○日

　　　　　　○○建設工事共同企業体

　　　　　　　代表者　○○建設株式会社

　　　　　　　　　代表取締役　○　○　○　○　㊞

　　　　　　　○○建設株式会社

　　　　　　　　　代表取締役　○　○　○　○　㊞

　　　　　　　○○建設株式会社

代表取締役　○　○　○　○　㊞

（別記様式）

○○建設工事共同企業体運営委員会名簿

○○年○○月○○日

構　成　員			
運　営　委　員			
運 営 委 員 代 理			
幹　　　事			

（注）委員長及び委員長代理については、その旨付記するものとする。

【施工委員会規則】

（総則）

第1条　運営委員会規則第10条に基づき施工委員会規則を定める。同規則第9条に基づき設置される施工委員会（以下「委員会」という。）の運営は、この規則の定めるところによる。

（目的）

第2条　この規則は、委員会の権限、構成、運営方法等について定めることにより、共同企業体における工事の施工を円滑に行うことを目的とする。

（権限）

第3条　委員会は、運営委員会の下に組織され、運営委員会で決定された方針、計画等に沿って、第6条に定める工事の施工に関する具体的かつ専門的事項を協議決定する権限を有する。

（構成）

第4条　委員会は、各構成員から選任された委員○名以内で組織する。

2　委員は、原則として各構成員が工事事務所に派遣している職員とする。

3　各構成員は、委員に事故があるときは、代理人を選任することができる。

4　委員会には、必要に応じて関係者を出席させることができる。

5　各構成員は、委員が人事異動その他の理由によりその職務を遂行できなくなったときは、他の構成員に文書で通知し、交代させることができる。

（委員長）

第5条　委員会に委員長を置き、委員長は原則として工事事務所長（以下「所長」という。）がこれに当たる。

2　委員長は、委員会の会務を総理する。

3　委員長に事故があるときは、委員長があらかじめ指名する委員が、その職務を代理する。

（付議事項）

第6条　委員会に付議すべき事項は、次のとおりとする。

一　施工計画及び実施管理に関する事項

二　安全衛生管理に関する具体的事項

三　工事実行予算案の作成及び予算管理に関する事項

四　決算案の作成に関する事項

五　協定原価（共同企業体の共通原価に算入すべき原価）算入基準案の作成に関する事項

六　工事事務所の人員配置及び業務分担に関する事項

七　取引業者の選定並びに軽微な取引に係る取引業者の決定及び契約の締結に関する事項

八　発注者との契約変更に関する事項（変更契約の締結を除く。）

九　その他工事の施工に関する事項

（開催及び招集）

第7条　委員会は、委員長の招集により、原則として月○回定期的に開催するほか、委員長が必要と認めた場合及び他の委員から請求があった場合に開催する。

（議決等）

第8条　委員会の会議の議長は、委員長がこれに当たる。

2　委員会の議決は、原則として全ての委員の一致による。

3　委員会の議事については議事録を作成し、出席委員の捺印を受けた上で、委員長がこれを保管するとともに、その写しを各構成員に配布する。

（報告事項）

第9条　委員会において協議決定された事項は、速やかに運営委員会に報告する。（注—1）

2　委員会は、工事の進捗状況、工事実行予算の執行状況等を毎月、所長より報告させるとともに、適宜、運営委員会に報告する。

3　委員会は、施工過程における事故、技術上のトラブル、盗難、その他の異常な事態が発生した場合は、所長より速やかに報告させるとともに、運営委員会に報告しなければならない。

（施工委員会名簿）

第10条　委員会は、別記様式により委員会名簿を作成、保管するとともに、その写しを各構成員に配布する。

　　　　　　　○○年○○月○○日

　　　　　　　　　　○○建設工事共同企業体

　　　　　　　　　　　代表者　○○建設株式会社

　　　　　　　　　　　　　　代表取締役　○　○　○　○　㊞

　　　　　　　　　　　　　○○建設株式会社

　　　　　　　　　　　　　　代表取締役　○　○　○　○　㊞

　　　　　　　　　　　　　○○建設株式会社

　　　　　　　　　　　　　　代表取締役　○　○　○　○　㊞

（別記様式）

○○建設工事共同企業体施工委員会名簿

○○年○○月○○日

構　成　員			
施　工　委　員			

（注）委員長及び委員長代理については、その旨付記するものとする。

【経理取扱規則】

（総則）

第1条　運営委員会規則第10条に基づき経理取扱規則を定める。共同企業体における経理の取扱いについては、この規則の定めるところによる。

（目的）

第2条　この規則は、共同企業体の経理処理、費用負担、会計報告等について定めることにより、共同企業体の財政状態及び経営成績を明瞭に開示し、共同企業体の適正かつ円滑な運営と構成員間の公正を確保することを目的とする。

（会計期間）

第3条　会計期間は、共同企業体協定書（以下「協定書」という。）第4条に定める共同企業体成立の日から解散の日までとし、月次の経理事務は毎月1日に始まり当月末日をもって締め切る。（注―1）

（経理部署）

第4条　共同企業体の工事事務所内に経理事務を担当する部署（以下「経理部署」という。）を設置し、会計帳簿及び証憑書類等を備え付ける。（注―2）

（経理処理）

第5条　共同企業体は、独立した会計単位として経理する。（注―3、4）

（会計帳簿及び勘定科目）

第6条　会計帳簿は、仕訳帳、総勘定元帳及びこれらに付随する補助簿とする。（注―5）

2　勘定科目は、建設業法施行規則別記様式第15号及び第16号に準拠して定める。

（会計帳簿等の保管）

第7条　工事竣工後における会計帳簿及び証憑書類等の保管は、代表者が自己の保管規程に従い、概ね共同企業体の解散の日から会計帳簿及び証憑書類は10年間、その他の書類にあっては5年間を目途に行う。

2　前項の期間内において、代表者は各構成員の税務調査、法定監査等の必要に応じて会計帳簿及び証憑書類等を供覧する。

（経理責任者）

第8条　経理事務の最高責任者は工事事務所長（以下「所長」という。）とし、所長は事務長等を統括し、迅速、明瞭かつ一元的な事務処理を図るものとする。

（取引金融機関及び預金口座）

第9条　取引金融機関及び預金口座は、協定書第11条に基づき次のとおりとし、各構成員からの出資金の入金、発注者からの請負代金の受入、取引業者に対する支払等の資金取引はこれにより行う。

　　　　取引金融機関　　○○銀行○○支店

　　　　預金口座種類　　○○預金（口座番号○○○○）

　　　　預金口座名義　　○○共同企業体　代表者　○○○○

2　「前払金保証約款」に基づく前払金に関する受入、支払等の資金取引については、前項の規

定にかかわらず、次の専用口座により行う。

　　　取引金融機関　　○○銀行○○支店

　　　預金口座種類　　普通預金（口座番号○○○○）

　　　預金口座名義　　○○共同企業体　代表者　○○○○

　（資金計画）

第10条　所長は、工事着工後速やかに資金収支の全体計画を立て、各構成員へ提出する。

2　所長は、毎月、資金収支管理のため、当月分及び翌月分の資金収支予定表を作成し、○○日までに各構成員へ提出する。

　（資金の出資）

第11条　共同企業体の事業に係る資金の調達は、各構成員の出資をもって行うものとし、その出資の割合は協定書第8条に定めるところによる。

　（出資方法）

第12条　代表者は、第10条第2項に定める資金収支予定表に基づき、毎月○○日までに各構成員に対して出資金請求書により出資金の請求を行う。ただし、天災及び事故等緊急の場合は所長の要請に基づき、臨時に出資金の請求を行うことができる。（注—6、7）

2　各構成員は、前項の請求書に基づき、次のとおり出資を行うものとする。

　一　現金による出資については、取引業者への支払日の前日までに第9条第1項の銀行口座へ振り込むものとする。

　二　手形による出資については、代表者以外の構成員は、自己を振出人、代表者を受取人とする約束手形を取引業者への支払日の前日までに代表者に持参し、代表者は、代表者以外の構成員の出資の額と自己の出資の額を合計した額の約束手形を取引業者に振り出すことにより行う。（注—8）

3　前項において、代表者以外の構成員が振り出す約束手形の期日は、代表者が振り出す約束手形の期日と同日とする。

4　代表者は、出資の受領の証として共同企業体名を冠した自己の名義の領収書を発行する。（注—9）

　（立替金の精算）

第13条　各構成員は、協定原価（共同企業体の共通原価に算入すべき原価をいう。以下同じ。）になるべき費用を立て替えた場合、毎月○○日をもって締め切り翌月○○日までに所定の請求書に証憑書類を添付して所長に提出し、翌月○○日に精算するものとする。

　（請負代金の請求及び受領）

第14条　請負代金の請求及び受領は、協定書第7条に基づき、代表者が共同企業体の名称を冠した自己の名義をもって行う。

　（請負代金の取扱い）

第15条　前払金として収納した請負代金は、公共工事標準請負契約約款第32条の定めるところに従い、適正に使用しなければならない。

2　前払金、部分払金及び精算金として収納した請負代金は、協定書第8条に定める出資の割合

に基づき、速やかに各構成員に分配する。（注―10）

（支払）

第16条　支払は、事務長の認印のある証憑書類に基づき、伝票を起票のうえ、所長の認印を受けて行う。

2　支払は、次の支払条件のとおりとする。ただし、臨時又は小口の支払についてはこの限りではない。

区　分	所定の査定日	請求書締切日	内払の支払率	支　　払　　日
労務費	毎月○○日	毎月○○日	○○％	翌月○○日　現金
材料費	毎月○○日	毎月○○日	○○％	翌月○○日　手形　翌月○○日　現金
外注費	毎月○○日	毎月○○日	○○％	翌月○○日　手形　翌月○○日　現金
経　費	毎月○○日	毎月○○日	○○％	翌月○○日　現金 ＊支払日が土曜日、日曜日、国民の祝日の場合は翌営業日 ＊12月分の支払は別に定める日

3　手形による支払は、代表者が自己の名義をもって取引業者に約束手形を振り出すことにより行う。（注―11）

（協定原価）

第17条　協定原価算入基準案は、別記様式により施工委員会で作成し、運営委員会の承認を得なければならない。（注―12）

2　派遣職員の人件費のうち、給与、○○手当、○○手当、……について協定原価に算入する額は、別表に定める月額とする。ただし、臨時雇用者に係る人件費は、その支給実額を協定原価に算入する。

（月次会計報告）

第18条　所長は、毎月末日現在の共同企業体に関する経理諸表を作成し、翌月○○日までに各構成員へ提出しなければならない。（注―13、14）

（工事実行予算）

第19条　工事実行予算案は、工事計画に基づき施工委員会で作成し、運営委員会の承認を得なければならない。（注―15）

2　所長は、予算の執行に当たっては常に予算と実績を比較対照し、施工の適正化と予定利益の確保に努めるものとする。

3　予算と実績の間に重要な差異が生じた場合又はその発生が予想される場合は、所長はその理由を明らかにした資料を速やかに作成し、施工委員会を通して運営委員会の承認を得なければならない。

（工事損益の予想）

第20条　所長は、職員と常に緊密な連絡を保ち、工事損益の把握に努めなければならない。

2　所長は、工事損益の見通しを明確にするため、毎月、工事損益予想表を作成し、各構成員に提出しなければならない。（注―16）

（決算案の作成）

第21条　所長は、工事竣工後速やかに精算事務に着手し、次に掲げる財務諸表を作成する。また、工事の一部を完成工事として計上する場合も同様とする。（注—17）

一　貸借対照表

二　損益計算書

三　工事原価報告書

四　資金収支表

五　前各号に掲げる書類に係る附属明細書

2　施工委員会は、前項で作成された財務諸表を精査し、決算案を作成する。

（監査）

第22条　各構成員は、監査委員として当該構成員を代表し得る者（運営委員を除く。）○○名を選出する。

2　監査委員は、決算案及び全ての業務執行に関する事項について監査を実施する。

3　監査委員は、次に掲げる事項を記載した監査報告書を作成して運営委員会に提出する。（注—18）

一　監査報告書の提出先及び日付

二　監査方法の概要

三　監査委員の署名捺印

四　決算案等が法令等に準拠し作成されているかどうかについての意見

五　決算案等が協定書その他共同企業体の規則等に定める事項に従って作成されているかどうかについての意見

六　その他業務執行に関する意見

（決算案の承認）

第23条　第21条に定める決算案は、前条の監査報告を踏まえ、運営委員会の承認を得なければならない。

（決算後の収益又は費用の処理）

第24条　決算後共同企業体に帰属すべき次の各号の収益又は費用が発生した場合は、各構成員は協定書第8条に定める出資の割合に基づき、当該収益の配分を受け又は費用を負担する。

一　工事用機械、仮設工具等の修繕費

二　労働者災害補償保険料の増減差額又はメリット制による還付金若しくは追徴金

三　その他決算後に確定した工事に関する収益又は費用

（消費税の取扱い）

第25条　消費税は月次一括税抜き処理とし、月次会計報告で各構成員の消費税額計算上必要な事項を各構成員に報告する。

（課税交際費及び寄付金の取扱い）

第26条　課税交際費及び寄付金は「交際費」及び「寄付金」の科目で処理し、月次会計報告でその額を各構成員に報告する。

（瑕疵担保責任等）

第27条　工事目的物の瑕疵に係る修補若しくは損害の賠償、火災、天災等に起因する損害又は工事の施工に伴う第三者に対する損害の賠償に関し、共同企業体が負担する費用については、各構成員は協定書第8条に定める出資の割合に基づき負担するものとする。(注—19)

2　前項に基づき各構成員が負担を行った場合において、特定の構成員の責に帰すべき合理的な理由がある場合には、運営委員会において別途各構成員の負担額を協議決定し、これに基づき構成員間において速やかに負担額の精算を行うものとする。

（その他）

第28条　この規則に定めのない事項については、運営委員会の決定による。

　　　　　　○○年○○月○○日

　　　　　　　　　　　○○建設工事共同企業体

　　　　　　　　　代表者　○○建設株式会社

　　　　　　　　　　　　　代表取締役　○　○　○　○　㊞

　　　　　　　　　　　　○○建設株式会社

　　　　　　　　　　　　　代表取締役　○　○　○　○　㊞

　　　　　　　　　　　　○○建設株式会社

　　　　　　　　　　　　　代表取締役　○　○　○　○　㊞

（別記様式）　　　　　　　協定原価算入基準

費　　　　　目	算入・不算入	算　入　範　囲　等
（記載例）		
材料費		
労務費		
外注費		
仮設損料		
仮設工具等修繕費		
仮設損耗費		
動力用水光熱費		
運搬費（機械等運搬費を除く）		
機械等損料		
機械等修繕費		
機械等運搬費		
設計費		
見積費用		
作業服・安全帽子等購入費用		
作業服クリーニング代		
管理部門の安全・技術等の指導費用		
衛生、安全、厚生に要する費用		
労働者災害補償保険法による事業主負担補償費		
事務所、倉庫、宿舎等の借地借家料		
損害保険料		
給与		
時間外勤務手当		
休日勤務手当		
宿直手当		
日直手当		
賞与		
退職給与引当金操入額		
公傷病による休務者に対する給与及び賞与		
社会保険料		
職員に対する慰安・娯楽費		
健康診断料		
慶弔見舞金		
事務用品費（什器・備品類リース代を除く）		
什器・備品類リース代		
通信費		
出張旅費		
派遣職員以外の出張旅費		
赴任・帰任旅費手当		
引越運賃		
通勤費		

業務上の交通費		
交際費		
寄付金		
補償費		
運営委員会諸費用		
専門委員会諸費用		
各構成員の社内金利		
工事検査立合費		
工業所有権の使用料		
構成員事務代行経費・電算処理費		
事前経費（設計費、見積費用を除く）		
残業食事代		
各種資格受験費用		
前払金保証料		
その他の費用		運営委員会の協議による

（注）　1. 経理取扱規則第17条の別表に規定された人件費については、その旨明示すること。

　　　　2. 事前費用、見積費用等金額が確定しているものについては、「算入範囲等」に具体的金額を記載すること。

　　　　3. 他の規則において協定原価の算入範囲を別途定める費目については、その旨明示すること。

（別表）　　　　　　　　協定原価算入給与等一覧表（月額）

年令 （歳）	金　　額 （円）	年令 （歳）	金　　額 （円）
18 19 20 ・ ・ ・ ・ ・ ・ ・	○○○○○○	・ ・ ・ ・ ・ ・ ・ ・ ・ ・	

【工事事務所規則】

(総則)

第1条　運営委員会規則第10条に基づき工事事務所規則を定める。共同企業体の工事事務所は、この規則の定めるところにより工事の施工に当たる。

(目的)

第2条　この規則は、工事事務所における指揮命令系統及び責任体制について定めることにより、円滑かつ効率的な現場運営を確保することを目的とする。

(組織)

第3条　工事事務所に所長、副所長、事務長、工務長、事務主任、工務主任、事務係及び工務係を置く。(注―1)

2　人員配置は、各構成員の派遣職員の混成により、工事の規模、性格、出資比率等を勘案し、公平かつ適正に行うこととする。

3　工事事務所の組織、人員配置等については別記様式により、編成表を作成するものとする。

(所長)

第4条　所長は、原則として施工委員会の委員長を兼務し、運営委員会及び施工委員会の決定に従い、工事事務所員（日々雇い入れられる者を含む。以下「所員」という。）を指揮して工事の施工に当たる。

2　所長は所員を統轄して、工事事務所の円滑な運営を図る。

3　所長は施工委員会に対して、毎月、工事の進捗状況、工事実行予算の執行状況等の報告を行う。

(副所長)

第5条　副所長は所長を補佐して、工事の施工に当たる。

2　副所長は、必要に応じ所長を代理することができる。この場合、副所長は当該代理に係る業務を速やかに所長に報告する。

(事務長)

第6条　事務長は、庶務、経理、資材、渉外等の工事事務所の事務に関する業務を管理する。また、所長を補佐して、工事事務所と共同企業体構成員との連絡に当たる。(注―2)

(工務長)

第7条　工務長は、工程管理、品質管理、安全衛生管理、原価管理等の工事の施工に関する業務を管理する。

(主任)

第8条　主任は、それぞれの指揮命令系統に従い、係を指揮して担当業務の遂行に当たる。

(担当業務)

第9条　各係の担当業務は別表のとおりとする。

　　　　　○○年○○月○○日

　　　　　　　○○建設工事共同企業体

　　　　　　　　代表者　○○建設株式会社

代表取締役　○　○　○　○　㊞

○○建設株式会社

代表取締役　○　○　○　○　㊞

○○建設株式会社

代表取締役　○　○　○　○　㊞

（別記様式）

○○建設工事共同企業体工事事務所編成表

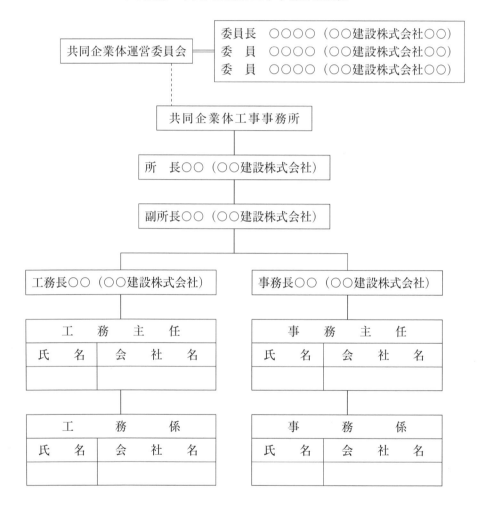

（別表）

係	担　　当　　業　　務
事務	＜記載例＞ (1)　会議の記録及び文書の保管に関する事項 (2)　文書、郵便物の交換配布及び電話に関する事項 (3)　工事事務所、食堂、宿直室及び什器・備品等の管理に関する事項 (4)　土地建物の賃借に関する事項 (5)　損害保険に関する事項 (6)　人事、給与、福利厚生に関する事項 (7)　作業員の労務管理に関する事項 (8)　労働基準法及び労働者災害補償保険法に関する事項 (9)　作業員宿舎の保安、管理に関する事項 (10)　安全、衛生に関する事項 (11)　防災、防犯に関する事項 (12)　保安、警備、公害防止に関する事項 (13)　官公庁その他との外部交渉に関する事項 (14)　金銭出納に関する事項 (15)　資金に関する事項 (16)　会計伝票、帳簿の記帳、整理及び証憑書類の保管に関する事項 (17)　会計報告書類の作成に関する事項 (18)　工事用機材の発注、検収保管、配分、回収及び処分に関する事項 (19)　機材納入業者の出来高査定に関する事項 (20)　倉庫管理に関する事項 (21)　輸送に関する事項 (22)　その他事務に関する事項及び他の係に属さない事項
工務	＜記載例＞ (1)　実行予算案の作成及び実績調査に関する事項 (2)　予算と実績の対照に関する事項 (3)　発注者に対する出来高請求に関する事項 (4)　専門工事業者の入札等発注業務に関する事項 (5)　専門工事業者の出来高査定及び常備の認定に関する事項 (6)　工事計画及び工程管理に関する事項 (7)　日報、工事写真その他の工事の記録に関する事項 (8)　工事の見積、積算及び設計変更に関する事項 (9)　支給材の受払、検収管理に関する事項 (10)　その他工事の施工に関する事項

【就　業　規　則】

（総則）

第1条　運営委員会規則第10条に基づき就業規則を定める。共同企業体の工事事務所における職員の就業については、この規則の定めるところによる。

（目的）

第2条　この規則は、職員の就業条件等について定めることにより、共同企業体における適正な就業条件の整備と統一化を図ることを目的とする。

（職員の範囲）

第3条　この規則にいう職員とは、工事の施工に当たるため各構成員から工事事務所に派遣される者（日々雇い入れられる者を除く。）をいう。

（優先順位）

第4条　この規則に定める事項が各構成員の規則等に定める事項と相違するときは、この規則を優先して適用する。

2　この規則に定めのない事項については、法令及び各構成員の規則等の定めるところによる。

（服務心得）

第5条　職員は、運営委員会の定める諸規則及び上長の指揮命令に従うとともに、相互に人格を尊重して誠実に勤務しなければならない。

（勤務時間）

第6条　一日の始業時刻、終業時刻及び休憩時間は次のとおりとする。

　　　　　始業時刻　　○○時○○分

　　　　　終業時刻　　○○時○○分

　　　　　休憩時間　　○○時○○分～○○時○○分

（休日）

第7条　休日は次のとおりとする。ただし、業務の都合により休日を振り替えることがある。

　一　土曜日、日曜日

　二　国民の祝日

　三　年末年始（○○月○○日～○○月○○日）

　四　夏期休暇（○○月○○日～○○月○○日）

　五　その他工事事務所長（以下「所長」という。）が必要と認める臨時の休日

（勤務時間の厳守）

第8条　職員は、第6条に定める勤務時間を固く守り、その出退勤については所定の出勤表に自分で正確に記録しなければならない。

（時間外及び休日勤務）

第9条　所長は、業務上必要と認められる場合は、第6条及び第7条の規定にかかわらず、職員に対し勤務時間の延長又は休日の勤務を命じることができる。（注―1）

2　所長は、職員に対し休日に勤務を命じた場合は、原則として代休を与える。

（時間外及び休日勤務手当）

第10条　前条又は第17条の規定によって時間外又は休日に勤務をさせた場合は、各構成員の規則等の定めるところにより、時間外勤務手当又は休日勤務手当を当該構成員から支給する。

　（宿直及び日直）

第11条　所長は、業務上必要と認められる場合には、第6条及び第7条の規定にかかわらず、職員（要健康保護者を除く。）に対し宿直又は日直を命じることができる。

　（宿直及び日直手当）

第12条　前条の規定によって宿直又は日直をさせた場合は、各構成員の規則等の定めるところにより、宿直手当又は日直手当を当該構成員から支給する。

　（欠勤、遅刻、早退）

第13条　職員は欠勤、遅刻又は早退をする場合は、事前に所長の許可を受けなければならない。ただし、やむを得ない事由により事前に許可を受けることができない場合は、事後速やかに届け出なければならない。また、傷病により欠勤が○日以上に及ぶと予想される場合は、医師の診断書を添付しなければならない。

　（年次有給休暇）

第14条　所長は、職員に対し各構成員の規則等の定めるところにより、年次有給休暇を与えなければならない。ただし、業務に支障のある場合は休暇日を変更させることができる。

　（出張）

第15条　所長は、業務上必要と認められる場合は、職員に対し出張を命ずることができる。職員は出張より帰着後速やかに所長に復命しなければならない。

　（出張旅費）

第16条　前条の規定によって出張をさせる場合は、別に定める旅費規程により出張旅費を共同企業体から支給する。（注—2、3）

　（非常事態時の勤務）

第17条　災害その他避けることのできない事由によつて、臨時の必要がある場合は、所長は、行政官庁の許可を得て勤務時間を変更若しくは延長し、又は、休日に勤務させることができる。

　（給与及び賞与）

第18条　職員の給与及び賞与は、各構成員の規則等の定めるところにより、当該構成員から支給する。

　（公傷病の取扱い）

第19条　公傷病による休務者に対する給与及び賞与は、各構成員の規則等の定めるところにより、当該構成員から支給する。

　（安全衛生）

第20条　職員は、労働基準法、労働安全衛生法その他の安全衛生に係る法令等を遵守し、常に災害及び傷病の発生防止に努めなければならない。

　（健康診断）

第21条　職員は、各構成員又は工事事務所が実施する健康診断を受けなければならない。

　（傷病者の出勤停止）

第22条　所長は、出勤することによって他人に迷惑を及ぼし、又は、病勢が悪化することが予想
　　される傷病者については、出勤を停止することができる。

　　（監視又は断続的労働の取扱い）

第23条　労働基準法の定める監視又は断続的労働に従事する者については、別に定める服務規程
　　による。

　　　　　○○年○○月○○日

　　　　　　　　○○建設工事共同企業体

　　　　　　　代表者　○○建設株式会社

　　　　　　　　　　　代表取締役　○　○　○　○　㊞

　　　　　　　　　　○○建設株式会社

　　　　　　　　　　　代表取締役　○　○　○　○　㊞

　　　　　　　　　　○○建設株式会社

　　　　　　　　　　　代表取締役　○　○　○　○　㊞

【人 事 取 扱 規 則】

（総則）

第1条　運営委員会規則第10条に基づき人事取扱規則を定める。派遣職員の取扱いについては、この規則の定めるところによる。

（目的）

第2条　この規則は、管理者の要件、派遣職員の交代等について定めることにより、派遣職員の適正かつ公平な人事配置及び人事管理を確保することを目的とする。

（派遣職員の範囲）

第3条　この規則にいう派遣職員とは、工事の施工に当たるため各構成員から工事事務所に派遣される者（日々雇い入れられる者を除く。）をいう。

（管理者の要件）

第4条　工事事務所における所長等の管理者について必要とされる要件は次のとおりとする。

　一　所長　技術職員として○○年以上の実務経験を有する者であって、工事現場で所長、副所長、工務長のいずれかの実務経験を有する者（注―1）

　二　副所長　技術職員として○○年以上の実務経験を有する者であって、工事現場で副所長、工務長のいずれかの実務経験を有する者（注―2）

　三　工務長　技術職員として○○年以上の実務経験を有する者であって、工事現場で工務長、工務主任、工務係のいずれかの実務経験を有する者

　四　事務長　工事現場で事務長、事務主任、事務係のいずれかの実務経験を有する者

（派遣職員の交代）

第5条　所長は、次に該当する派遣職員の交代を所属構成員に求めることができる。

　一　病気欠勤○○日以上又は事故欠勤○○日以上にわたる者

　二　所属構成員の都合により、継続して○○日以上にわたり工事事務所勤務ができない者

　三　無断欠勤の多い者

　四　その他共同企業体の業務運営につき著しく不適当と認められる者

（所長の遵守事項）

第6条　所長は、次の事項を遵守しなければならない。

　一　派遣職員を公平に取り扱うこと

　二　良好な職場環境の形成に努め、派遣職員の健康管理に十分配慮すること

　三　各構成員に対し、派遣職員の勤務状況等人事管理上の事項について公平な報告を行うこと

　四　各構成員の諸規則、給与等の機密の保持に万全を期すること

　五　各構成員からの問合せ、依頼等について速やかに対処すること

（各構成員の遵守事項）

第7条　各構成員は、次の事項を遵守しなければならない。

　一　共同企業体からの要請に適した職員を派遣すること

　二　派遣職員に対し、共同企業体の諸規則を周知徹底させること

　三　派遣職員を共同企業体の組織に服務させること

四　共同企業体に対し、各構成員の就業規則その他の人事関係諸規則及び派遣職員に関する経
　歴書を提出すること
五　第5条に基づく所長の要請に適正に対処すること
　　　　○○年○○月○○日
　　　　　　　○○建設工事共同企業体
　　　　　　　　　　代表者　○○建設株式会社
　　　　　　　　　　　　　　代表取締役　○　○　○　○　㊞
　　　　　　　　　　　　　　○○建設株式会社
　　　　　　　　　　　　　　代表取締役　○　○　○　○　㊞
　　　　　　　　　　　　　　○○建設株式会社
　　　　　　　　　　　　　　代表取締役　○　○　○　○　㊞

【購買管理規則】

（総則）

第1条 運営委員会規則第10条に基づき購買管理規則を定める。共同企業体の購買業務については、この規則の定めるところによる。

（目的）

第2条 この規則は、共同企業体の取引業者及び契約内容の決定手続等について定めることにより、購買業務に係る公正かつ明瞭な事務処理を確保することを目的とする。

（定義）

第3条 この規則にいう購買業務とは、施工に必要な物品若しくは役務の調達又は工事の発注に関する一切の業務をいう。

（契約の締結）

第4条 購買業務に関する事務は、工事事務所において行うものとし、契約の締結は共同企業体の名称を冠した代表者の名義による。

（業者の選定）

第5条 工事事務所長（以下「所長」という。）は、施工に必要な物品若しくは役務の調達（仮設材料、工事用機械等を構成員から借り入れる場合を除く。）又は工事の発注を行おうとするときは、当該取引が次の各号に該当する場合を除き、各構成員より施工委員会に対し業者を推薦させるものとする。

一　取引の性質又は目的が入札又は見積合せを許さない取引

二　緊急の必要により入札又は見積合せを行うことができない取引

三　入札又は見積合せを行うことが不利と認められる取引

2　施工委員会は、前項により推薦を受けた業者の中から、施工能力、経営管理能力、雇用管理及び労働安全管理の状況、労働福祉の状況、関係企業との取引の状況等を総合的に勘案し、原則として複数の業者を選定する。

3　施工委員会は、取引が第1項各号に該当すると認められる場合は、当該取引の性格を勘案し、取引を行うことが適当と認められる業者を選定する。

（入札、見積合せ等）

第6条 施工委員会は、前条第2項により業者を選定した場合は、当該業者による入札又は見積合せ（当該取引が工事原価に特に重大な影響を及ぼすと認められる場合は入札）を行うものとする。（注―1、2）

2　施工委員会は、前条第3項により業者を選定した場合は、原則として当該業者より見積書を徴収するものとする。

（工事条件の明示）

第7条 施工委員会は、工事の発注に当たって、前条に基づき入札若しくは見積合せを行い、又は、見積書を徴収する場合は、第5条に基づき選定した業者に対してあらかじめ工期、工事内容、仕様書、図面見本等を明示しなければならない。

（運営委員会に対する業者の推薦）

第8条　施工委員会は、第6条に基づき入札、見積合せ等を行った場合は、その結果等を勘案し、運営委員会に対し、取引を行うことが適当と認められる業者を推薦するとともに、第5条に基づき選定した業者に関する資料及び応札金額又は見積金額に関する資料を提出するものとする。

（取引業者及び契約内容の決定）

第9条　運営委員会は、前条に基づく施工委員会からの業者の推薦を踏まえ、同条の資料等を総合的に判断し、取引業者及び契約内容を決定する。

（軽微な取引に係る取引業者及び契約内容の決定）

第10条　取引が、次の各号の一に該当するものである場合は、第8条及び前条の定めにかかわらず、施工委員会において、第5条及び第6条に準じて、取引業者及び契約内容を決定する。

一　予定価格が○○円を超えない物品を購入する取引

二　予定価格が○○円を超えないその他の取引

（仮設材料、工事用機械等の調達）

第11条　工事に使用する仮設材料、工事用機械等の調達は、構成員から借り入れることを原則として、借入れの相手方、機種、材料、数量及び損料については、必要の都度、運営委員会（軽微なものにあっては施工委員会）で協議して決定する。（注—3）

（検収及び出来高査定）

第12条　物品の検収に当たっては、所長は、注文書及び納品書を照合し、数量、品質等を厳密に検査しなければならない。

2　工事出来高査定に当たっては、所長は、進捗状況を判断し、厳正に査定しなければならない。

（注文書等の様式）

第13条　購買業務において使用する注文書、請求書等の様式は、代表者の定めるところによる。

（注—4）

（その他）

第14条　この規則に定めのない事項については、運営委員会の決定による。

　　　　○○年○○月○○日
　　　　　　　○○建設工事共同企業体
　　　　　　代表者　○○建設株式会社
　　　　　　　　　代表取締役　○　○　○　○　㊞
　　　　　　　　○○建設株式会社
　　　　　　　　　代表取締役　○　○　○　○　㊞
　　　　　　　　○○建設株式会社
　　　　　　　　　代表取締役　○　○　○　○　㊞

【共同企業体解散後の瑕疵担保責任に関する覚書】

　〇〇建設工事共同企業体の施工する〇〇工事に関し、工事目的物に瑕疵があったときは、共同企業体協定書（以下「協定書」という。）第18条に基づき、共同企業体解散後においても各構成員が共同連帯してその責に任ずるものとし、当該瑕疵に係る構成員間の費用の分担、請求手続等については下記のとおりとする。（注—1）

記

第1条　共同企業体解散後、構成員が発注者から工事目的物の瑕疵の通知を受けた場合は、当該構成員は速やかに他の構成員に対し、その旨を通知するものとする。

第2条　各構成員は前条の通知後、速やかに協議し、発注者との折衝を担当する構成員等発注者への対応を決定するとともに、瑕疵の存否、状況、原因等に関し、工事目的物の調査等を実施するものとする。

第3条　各構成員は、前条の調査結果に基づき、工事目的物に係る瑕疵の存否及び範囲の確認を行うとともに、発注者との折衝の経緯等を踏まえ、瑕疵の修補の要否、修補範囲、修補方法、修補費用予定額及び修補を担当する構成員（以下「修補担当構成員」という。）並びに損害賠償の要否、賠償範囲、賠償予定額及び発注者に対する支払事務を担当する構成員（以下「支払担当構成員」という。）を協議決定するものとする。

2　前項で決定した内容に、重要な変更が見込まれる場合は、修補担当構成員又は支払担当構成員は速やかにその理由を明らかにした文書を作成し、他の構成員に通知するとともに、各構成員は協議の上、所要の変更を行うものとする。

第4条　瑕疵の修補又は損害賠償に関する費用については、協定書第8条に定める出資の割合により、各構成員が負担するものとする。ただし、特定の構成員の責に帰すべき合理的な理由がある場合には、構成員間の協議に基づき、別途各構成員の負担額を決定することができる。

第5条　瑕疵担保責任の履行として瑕疵の修補を行う場合においては、修補担当構成員は、当該修補完了後他の構成員に対し、前条に基づく負担金の支払を請求するものとする。

2　前項の請求を受けた構成員は、速やかに負担金を支払わなければならない。

第6条　瑕疵担保責任の履行として損害賠償を行う場合においては、支払担当構成員は、発注者の履行請求に応じ、他の構成員に対し、第4条に基づく負担金の支払を請求するものとする。

2　前項の請求を受けた構成員は、速やかに負担金を支払わなければならない。

3　支払担当構成員は、前項の他の構成員の負担金と自己の負担金をとりまとめ、一括して発注者へ支払うものとする。

第7条　その他この覚書に定めのない事項については、各構成員間で協議の上決定する。

　　　　　年　　月　　日

　　　　　　　　〇〇建設工事共同企業体

　　　　　　　　　　代表者　〇〇建設株式会社

　　　　　　　　　　　　　　　代表取締役　〇　〇　〇　〇　㊞

　　　　　　　　　　〇〇建設株式会社

　　　　　　　　　　　　　　　代表取締役　〇　〇　〇　〇　㊞

○○建設株式会社

代表取締役　○　○　○　○　㊞

5　共同企業体運営モデル規則注解

1．運営委員会規則

（注―1）

　　ここにいう共同企業体協定書は、「特定建設工事共同企業体協定書（甲）」（昭和53年11月1日付建設省計振発第69号）をいう。

（注―2）

　　議決権を有する者は、各構成員を代表する運営委員各1名とし、委員会に出席するその他の者は議決権を有しない。

（注―3）

　　対象工事の規模、性格等を勘案して、必要と認められる場合にあつては、これと異なった取扱いをすることも差し支えない。

2．施工委員会規則

（注―1）

　　運営委員会が定期的に開催されない実態にかんがみ、運営委員に対し文書で報告することをもって、運営委員会への報告に代えることも差し支えない。

3．経理取扱規則

（注―1）

　　ここにいう共同企業体協定書は、「特定建設工事共同企業体協定書（甲）」（昭和53年11月1日付建設省計振発第69号）をいう。

（注―2）

　　共同企業体の規模、性格等から第5条（注―3）により、代表者の電算システム等を活用する場合においても、工事事務所に会計帳簿及び証憑書類等を備え付けなければならない。

（注―3）

　　帳票の様式その他経理処理の手続については、実際上代表者の例によることが考えられる。

（注―4）

　　共同企業体の規模、性格等によって、効率性、正確性等の観点から代表者の電算システム等を適宜活用することも差し支えない。その場合は、代表者に委任する経理事務の範囲を経理取扱規則に明確に定めておかなければならない。

（注―5）

　　補助簿とは、小口現金出納帳、当座預金出納帳、工事原価記入帳、受取手形記入帳、支払手形記入帳、材料元帳、工事台帳、得意先元帳、工事未払金台帳、固定資産台帳等が考えられる。

（注―6）

　　所長が代表者から派遣されている場合は、実際の事務手続は、代表者の名義をもって当該所長が行うことも考えられる。

（注—7）

　出資金請求書には、その根拠となる支払の内訳を明示するものとする。

（注—8）

　手形による出資については、以下の方法も考えられる。

　　⑴　各構成員が、自己を振出人、取引業者を受取人とする約束手形を取引業者への支払日の前日までに経理部署に持参することにより行う。

　　⑵　代表者以外の構成員は、自己を振出人、代表者を受取人とする約束手形を取引業者への支払日の前日までに代表者に持参し、代表者は、自己の出資の額の約束手形を取引業者に振り出すとともに、代表者以外の構成員から受け取った約束手形を取引業者に裏書譲渡することにより行う。

（注—9）

　銀行振込による出資については、銀行が発行する振込金受取書をもって領収書に代えることも考えられる。

（注—10）

　前払金の取扱いについては、第9条第2項に定める預金口座に留保する方式も考えられる。

（注—11）

　手形による支払については、以下の方法も考えられる。

　　⑴　各構成員が、自己の名義をもって取引業者に約束手形を振り出すことにより行う。

　　⑵　代表者が、自己の名義をもって取引業者に約束手形を振り出すとともに、代表者以外の構成員より受け取つた約束手形を裏書譲渡することにより行う。

（注—12）

　協定原価算入基準案の原案は、所長が作成することが実務的である。

（注—13）

　ここにいう経理諸表には、月次試算表、予算・実績対照表、工事原価計算書等が考えられる。

（注—14）

　本条の報告は、明瞭性の確保の観点から（注—12）に掲げる経理諸表については毎月行われることが望ましいが、工事の規模、期間等を総合的に勘案し、妥当と判断される経理諸表については、隔月又は四半期毎の報告とすることも差し支えない。

（注—15）

　工事実行予算案の原案は、所長が作成することが実務的である。

（注—16）

　本条第2項の報告は、明瞭性の確保の観点から毎月行われることが望ましいが、工事の規模、期間等を総合的に勘案し、妥当と判断される場合は、隔月又は四半期毎の報告とすることも差し支えない。

（注—17）

　ここにいう精算事務は、次に掲げる項目に沿って行うことに留意する。

　(1)　未精算勘定の整理

　(2)　税務計算上の必要資料の整理

　(3)　残余資産の処分

　(4)　未発生原価の見積

（注―18）

　　適正な原価を確保する観点から、共同企業体の監査は本条のとおり行われることが望ましいが、構成員間の合意に基づき簡易な監査が行われている現在の実態にかんがみ、当分の間、監査の目的を達し得る範囲内において、本条の手続きと異なった取扱いを定めることも差し支えない。

（注―19）

　　共同企業体解散後の瑕疵担保責任については、別途覚書を締結し、特に取扱いを明確にしておくことが適当と考えられる。

4．工事事務所規則

（注―1）

　　円滑かつ効率的な工事施工の観点から、工事の規模等に応じた適切なポストの設置を行うものとする。また、ポストの呼称については、各企業の慣習等によって、別称を用いても差し支えない。

（注―2）

　　庶務に係る業務には、派遣職員の人事管理、作業員の労務管理を含むものとする。

5．就業規則

（注―1）

　　時間外及び休日勤務に関しては、女子、年少者に係る労働基準法の規定を盛り込んだ条項を置くことも考えられる。

（注―2）

　　出張旅費は、交通費、宿泊費、出張手当等をいう。

（注―3）

　　出張旅費の支給額については、各構成員の規則等の定めるところにより、また、支給主体については、各構成員が支給することとすることも考えられる。

6．人事取扱規則

（注―1）

　　技術職員とは、少なくとも建設業法第26条第1項の主任技術者となり得る者をいう。

（注―2）

　　副所長については、運営委員会の協議に基づき、事務職員がこれに当たることも考えられる。この場合は、副所長について必要とされる別の要件を定めるべきである。

7．購買管理規則

（注―1）

　　入札は、所定の書式により入札函に投函することにより、開札は原則として各構成員につき

１名以上の施工委員会の委員の立会いの上行う。

（注―２）

　　見積合せは、施工委員会が、選定業者より見積書を徴収し、その内容を検討することにより行う。

（注―３）

　　仮設材料、工事用機械等を構成員から借り入れる場合の借入れの相手方、機種、材料、損料、保守・管理方法等については、別に規則を定めることも考えられる。

（注―４）

　　様式については、代表者以外の構成員の定めるところにより、又は、共同企業体独自で定めることも考えられる。

8.　共同企業体解散後の瑕疵担保責任に関する覚書

（注―１）

　　ここにいう共同企業体協定書は、「特定建設工事共同企業体協定書（甲）」（昭和53年11月1日付建設省計振発第69号）をいう。

○共同企業体の構成員の一部について会社更生法に基づき更生手続開始の申立てがなされた場合等の取扱について

〔平成10年12月24日　建設省経振発第74、75号〕

建設省建設経済局長から　各省各庁官房長等
各都道府県知事あて

　共同企業体の構成員の一部について会社更生法に基づき更生手続開始の申立てがなされた場合等の取扱いについて、下記のとおり定めたので、参考にされたい。

　他の入札方式における取扱いについても、以下の取扱を参考にされたい。

　なお、貴管下公団等（公社等及び市町村）に対してもこの旨通知をお願いしたい。

記

I　公募型指名競争入札における経常建設共同企業体の構成員の一部について更生手続開始の申立てがなされた場合

1　開札前に共同企業体の構成員の一部について更生手続開始の申立てがなされた場合

(1)　更生手続開始の申立てがなされた者（更生手続の開始の決定後、各発注者の定める手続きに基づく指名競争参加資格の再認定を受けているものを除く。以下Iにおいて「被申立て会社」という。）を含む経常建設共同企業体については、指名を行わないものとする。

　　指名がなされた後、構成員の一部が被申立て会社となった場合には、指名を取り消し、その旨を当該経常建設共同企業体に通知すること。

　　被申立て会社が指名競争参加資格の再認定を受けた後、経常建設共同企業体として指名競争参加資格の再認定を受けたものについては、指名を行うことができるものとする。

(2)　(1)の場合であっても、残存構成員が単体としても指名競争参加資格の認定を受けておりかつ当該業者が当該工事の契約予定金額の等級に属する場合（発注者が当該工事の契約予定金額の等級より上位又は下位の等級に属する業者を指名している場合にはその等級も含む。）には、指名の時より前であれば残存構成員は単体でも技術資料の再提出ができるものとする。

(3)　(2)の技術資料の再提出があることをもって指名の日時を変更することは行わないものとする。

(4)　(2)の技術資料の再審査は、できる限り指名の時までに終了するよう、速やかに行うものとする。

2　開札後に共同企業体の構成員の一部について更生手続開始の申立てがなされた場合

(1)　開札の時（落札決定時）以降は、契約書作成前であったとしても、契約は原則として成立している。この契約の取扱いについては、被申立て会社を含む経常建設共同企業体の施工能力を総合的に判断し、決定するものとする。

(2)　(1)の判断に当たっては、被申立て会社以外の構成員の施工能力を踏まえつつ、現場の状

況、下請企業及び金融機関との関係等を考慮して、当該経常建設共同企業体において施工が可能であるものはできる限り施工させることを基本とする。

⑶　契約書作成前にあっては、施工が可能であると判断される場合には契約書を作成し、不可能であると判断されるときには、契約の解除を申し入れた後、再度入札を実施するものとする。

⑷　契約書作成後にあっては、施工が可能であると判断される場合には、契約を継続し、不可能であると判断される場合には、契約を解除するものとする。

　　なお、更生手続開始の申立てを契約解除理由にしている場合においても、申立ての事実のみをもって形式的に契約を解除するのではなく、実質的に履行能力の有無を考慮して契約の継続が可能であるか判断することが望ましい。また、共同企業体の構成員間においても、申立ての事実のみをもってして、共同企業体の構成員を除名又は脱退を勧告することは妥当ではなく、当該被申立て会社が構成員としての義務を果たすことができるかどうかを実質的に判断することが望ましいとしていることを申し添える。

Ⅱ　一般競争入札における経常建設共同企業体の構成員の一部について更生手続開始の申立てがなされた場合

1　開札前に共同企業体の構成員の一部について更生手続開始の申立てがなされた場合

⑴　更生手続開始の申立てがなされた者（更生手続開始決定後、各発注者が定める手続に基づく一般競争入札参加資格の再認定を受けている者を除く。以下Ⅱにおいて「被申立て会社」という。）を含む経常建設共同企業体については、競争参加資格の確認（以下Ⅱにおいて「確認」という。）を行わないものとする。

　　既に確認を行っている場合においては、これを取り消し、その旨を当該経常建設共同企業体に通知すること。

⑵　⑴の場合であっても、残存構成員が単体としても一般競争参加資格の認定を受けている場合には、当該残存構成員は単独で確認の申請を行うことができるものとする。

⑶　⑵の確認の申請があることをもって入札公告に定める入札及び開札の日時を変更することは行わないものとする。

⑷　⑵の確認の手続は、できる限り開札の時までに終了するよう、速やかに行うものとする。

2　開札後に共同企業体の構成員の一部について更生手続開始の申立てがなされた場合

⑴　開札の時（落札決定時）以降は、契約書作成前であったとしても、契約は原則として成立している。この契約の取扱いについては、被申立て会社を含む経常建設共同企業体の施工能力を総合的に判断し、決定するものとする。

⑵　⑴の判断に当たっては、被申立て会社以外の構成員の施工能力を踏まえつつ、現場の状況、下請企業及び金融機関との関係等を考慮して、当該経常建設共同企業体において施工が可能であるものはできる限り施工させることを基本とする。

⑶　契約書作成前にあっては、施工が可能であると判断される場合には契約書を作成し、不可能であると判断されるときには、契約の解除を申し入れた後、再度入札を実施するもの

とする。

⑷　契約書作成後にあっては、施工が可能であると判断される場合には、契約を継続し、不可能であると判断される場合には、契約を解除するものとする。

　　なお、更生手続開始の申立てを契約解除理由にしている場合においても、申立ての事実のみをもって形式的に契約を解除するのではなく、実質的に履行能力の有無を考慮して契約の継続が可能であるか判断することが望ましい。また、共同企業体の構成員間においても、申立ての事実のみをもってして、共同企業体の構成員を除名又は脱退を勧告することは妥当ではなく、当該被申立て会社が構成員としての義務を果たすことができるかどうかを実質的に判断することが望ましいとしていることを申し添える。

Ⅲ　公募型指名競争入札における特定建設工事共同企業体の構成員の一部について更生手続開始の申立てがなされた場合

1　開札前に共同企業体の構成員の一部について更生手続開始の申立てがなされた場合

⑴　更生手続開始の申立てがなされた者（更生手続の開始の決定後、各発注者の定める手続きに基づく指名競争参加資格の再認定を受けているものを除く。以下Ⅲにおいて「被申立て会社」という。）を含む特定建設工事共同企業体については、特定建設工事共同企業体の認定（以下Ⅲにおいて「認定」という。）及び指名を行わないものとする。

　　指名がなされた後、構成員の一部が被申立て会社となった場合には、指名を取りけし、その旨を当該特定建設工事共同企業体に通知すること。

⑵　当該特定建設工事共同企業体の被申立て会社以外の構成員については、指名の時より前であれば、技術資料収集の掲示に定める期限にかかわらず、被申立て会社に代わる構成員を補充した上で、新たに特定建設工事共同企業体を結成し、認定の申請及び技術資料の再提出を行うことができるものとする。

　　ただし、⑴の場合を除き、当該特定建設工事共同企業体の認定が認められない旨の通知を受けているときは、この限りでない。

⑶　特定建設工事共同企業体により行わせる競争に単体有資格業者の参加を認める旨を技術資料収集の掲示において定めている場合においては、指名の時より前であれば、⑵にかかわらず、被申立て会社に代わる構成員を補充せず、残余の構成員が単独で技術資料の再提出を行うこともできるものとする。

⑷　⑵及び⑶の認定の申請及び技術資料の再提出があることをもって指名の日時を変更することは行わないものとする。

⑸　⑵及び⑶の認定及び技術資料の再審査の手続は、できる限り指名の時までに終了するよう、速やかに行うものとする。

2　開札後に共同企業体の構成員の一部について更生手続開始の申立てがなされた場合

⑴　開札の時（落札決定時）以降は、契約書作成前であったとしても、契約は原則として成立している。この契約の取扱いについては、被申立て会社を含む特定建設工事共同企業体の施工能力を総合的に判断し、決定するものとする。

⑵　⑴の判断に当たっては、被申立て会社以外の構成員の施工能力を踏まえつつ、現場の状

況、下請企業及び金融機関との関係等を考慮して、当該特定建設工事共同企業体において施工が可能であるものはできる限り施工させることを基本とする。

⑶　契約書作成前にあっては、施工が可能であると判断される場合には契約書を作成し、不可能であると判断されるときには、契約の解除を申し入れた後、再度入札を実施するものとする。

⑷　契約書作成後にあっては、施工が可能であると判断される場合には、契約を継続し、不可能であると判断される場合には、契約を解除するものとする。

なお、更生手続開始の申立てを契約解除理由にしている場合においても、申立ての事実のみをもって形式的に契約を解除するのではなく、実質的に履行能力の有無を考慮して契約の継続が可能であるか判断することが望ましい。また、共同企業体の構成員間においても、申立ての事実のみをもってして、共同企業体の構成員を除名又は脱退を勧告することは妥当ではなく、当該被申立て会社が構成員としての義務を果たすことができるかどうかを実質的に判断することが望ましいとしていることを申し添える。

Ⅳ　一般競争入札における特定建設工事共同企業体の構成員の一部について更生手続開始の申立てがなされた場合

1　開札前に共同企業体の構成員の一部について更生手続開始の申立てがなされた場合

⑴　更生手続開始の申立てがなされた者（更生手続開始決定後、各発注者が定める手続に基づく一般競争入札参加資格の再認定を受けている者を除く。以下Ⅳにおいて「被申立て会社」という。）を含む特定建設工事共同企業体については、特定建設工事共同企業体としての認定（以下Ⅳにおいて「認定」という。）及び競争参加資格の確認（以下Ⅳにおいて「確認」という。）を行わないものとする。

既に確認を行っている場合においては、これを取り消し、その旨を当該特定建設工事共同企業体に通知すること。

⑵　当該特定建設工事共同企業体の被申立て会社以外の構成員については、開札の時より前であれば、入札公告に定める期限にかかわらず、被申立て会社に代わる構成員を補充した上で、新たに特定建設工事共同企業体を結成し、認定及び確認の申請を行うことができるものとする。

ただし、⑴の場合を除き、当該特定建設工事共同企業体の競争参加資格が認められない旨の通知を受けているときは、この限りでない。

⑶　特定建設工事共同企業体により行わせる競争に単体有資格業者の参加を認める旨を入札公告において定めている場合においては、⑵にかかわらず、被申立て会社に代る構成員を補充せず、残余の構成員が単独で確認の申請を行うこともできるものとする。

⑷　⑵及び⑶の認定及び確認の申請があることをもって入札公告に定める入札及び開札の日時を変更することは行わないものとする。

⑸　⑵及び⑶の認定及び確認の手続は、できる限り開札の時までに終了するよう、速やかに行うものとする。

2　開札後に共同企業体の構成員の一部について更生手続開始の申立てがなされた場合

(1)　開札の時（落札決定時）以降は、契約書作成前であったとしても、契約は原則として成立している。この契約の取扱いについては、被申立て会社を含む特定建設工事共同企業体の施工能力を総合的に判断し、決定するものとする。

(2)　(1)の判断に当たっては、被申立て会社以外の構成員の施工能力を踏まえつつ、現場の状況、下請企業及び金融機関との関係等を考慮して、当該特定建設工事共同企業体において施工が可能であるものはできる限り施工させることを基本とする。

(3)　契約書作成前にあっては、施工が可能であると判断される場合には契約書を作成し、不可能であると判断されるときには、契約の解除を申し入れた後、再度入札を実施するものとする。

(4)　契約書作成後にあっては、施工が可能であると判断される場合には、契約を継続し、不可能であると判断される場合には、契約を解除するものとする。

　　なお、更生手続開始の申立てを契約解除理由にしている場合においても、申立ての事実のみをもって形式的に契約を解除するのではなく、実質的に履行能力の有無を考慮して契約の継続が可能であるか判断することが望ましい。また、共同企業体の構成員間においても、申立ての事実のみをもってして、共同企業体の構成員を除名又は脱退を勧告することは妥当ではなく、当該被申立て会社が構成員としての義務を果たすことができるかどうかを実質的に判断することが望ましいとしていることを申し添える。

Ⅴ　公募型指名競争入札において経常建設共同企業体の構成員の一部が指名停止措置を受けた場合の取扱いについて

1　技術資料の提出期限から開札の時までの期間に経常建設共同企業体の構成員の一部が指名停止措置を受けた場合については、当該指名停止措置を受けた者を含む経常建設共同企業体については、指名を行わない。

　　指名後に、構成員の一部が指名停止措置を受けた場合には、指名は取り消し、その旨を当該経常建設共同企業体に通知すること。

　　開札後については、指名停止は新たな指名についての停止措置であることから、指名停止措置を受けたことがただちに契約の有効性若しくは工事の継続に関して影響を与えるものではない。

2　1の場合であっても、残存構成員が単体としても指名競争参加資格の認定を受けておりかつ当該業者が当該工事の契約予定金額の等級に属する場合（発注者が当該工事の契約予定金額の等級より上位又は下位の等級に属する業者を指名している場合にはその等級も含む。）には、指名の時より前であれば単独で技術資料の再提出を行うこともできるものとする。

3　2の技術資料の再提出があることをもって指名の日時を変更することは行わないものとする。

4　2の技術資料の再審査の手続は、できる限り指名の時までに終了するよう、速やかに行うものとする。

Ⅵ　一般競争入札において経常建設共同企業体の構成員の一部が指名停止措置を受けた場合の取扱いについて

1　申請書及び資料の提出期限から開札の時までの期間に経常建設共同企業体の構成員の一部が指名停止措置を受けた場合については、当該指名停止措置を受けた者を含む経常建設共同企業体については、競争参加資格が認められない。

　　開札後については、指名停止は新たな指名についての停止措置であることから、指名停止措置を受けたことがただちに契約の有効性若しくは工事の継続に関して影響を与えるものではない。

2　1の場合であっても、残存構成員が単体としても一般競争参加資格の認定を受けている場合には、当該残存構成員は単独で競争参加資格の確認（以下Ⅵにおいて「確認」という。）の申請を行うことができるものとする。

3　2の確認の申請があることをもって入札公告に定める入札及び開札の日時を変更することは行わないものとする。

4　2の確認の手続は、できる限り開札の時までに終了するよう、速やかに行うものとする。

Ⅶ　公募型指名競争入札において特定建設工事共同企業体の構成員の一部が指名停止措置を受けた場合の取扱いについて

1　技術資料の提出期限から開札の時までの期間に特定建設工事共同企業体の構成員の一部が指名停止措置を受けた場合については、当該指名停止措置を受けた者を含む特定建設工事共同企業体については、特定建設工事共同企業体としての認定（以下Ⅶにおいて「認定」という。）及び指名を行わない。

　　指名後に、構成員の一部が指名停止措置を受けた場合には、指名は取り消し、当該特定建設工事共同企業体にその旨を通知すること。

　　開札後については、指名停止は新たな指名についての停止措置であることから、指名停止措置を受けたことがただちに契約の有効性若しくは工事の継続に関して影響を与えるものではない。

2　1の場合においては、当該被申立て会社以外の構成員については、指名の時より前であれば、被指名停止会社に代わる構成員を補充した上で、新たに特定建設工事共同企業体を結成し、認定の申請及び技術資料の再提出を行うことができるものとする。

　　ただし、構成員の一部が指名停止措置を受けたこと以外を理由として、認定が行われず、又は取り消された場合は、この限りではない。

3　特定建設工事共同企業体により行わせる競争に単体有資格業者の参加を認める旨を技術資料収集の掲示において定めている場合においては、2にかかわらず、指名の時より前であれば被指名停止会社に代わる構成員を補充せず、残余の構成員が単独で技術資料の再提出を行うこともできるものとする。

4　2及び3の認定の申請及び技術資料の再提出があることをもって指名の日時を変更することは行わないものとする。

5　2及び3の認定及び技術資料の再審査の手続は、できる限り指名の時までに終了するよう、速やかに行うものとする。

Ⅷ　一般競争入札において特定建設工事共同企業体の構成員の一部が指名停止措置を受けた場合

の取扱いについて

1　申請書及び資料の提出期限から開札の時までの期間に特定建設工事共同企業体の構成員の一部が指名停止措置を受けた場合については、当該指名停止措置を受けた者（以下「被指名停止会社」という。）を含む特定建設工事共同企業体については、特定建設工事共同企業体としての認定（以下Ⅷにおいて「認定」という。）及び競争参加資格が認められない。

　　開札後については、指名停止は新たな指名についての停止措置であることから、指名停止措置を受けたことがただちに契約の有効性若しくは工事の継続に関して影響を与えるものではない。

2　1の場合においては、当該指名停止措置を受けた者（以下「被指名停止会社」という。）以外の構成員については、開札の時より前であれば、入札公告に定める期限にかかわらず、被指名停止会社に代わる構成員を補充した上で、新たに特定建設工事共同企業体を結成し、認定競争参加資格の確認（以下Ⅷにおいて「確認」という。）の申請を行うことができるものとする。

　　ただし、構成員の一部が指名停止措置を受けたこと以外を理由として、認定及び確認が行われず、又は取り消された場合は、この限りではない。

3　特定建設工事共同企業体により行わせる競争に単体有資格業者の参加を認める旨を入札公告において定めている場合においては、2にかかわらず、被指名停止会社に代わる構成員を補充せず、残余の構成員が単独で確認の申請を行うことができるものとする。

4　2及び3の認定及び確認の申請があることをもって入札公告に定める入札及び開札の日時を変更することは行わないものとする。

5　2及び3の認定及び確認の手続は、できる限り開札の時までに終了するよう、速やかに行うものとする。

Ⅸ　共同企業体において構成員の一部が破産した場合の取扱いについて

1　開札前に構成員の一部が破産した場合

⑴　当該破産した構成員は脱退するものとする。

⑵　残存構成員の取扱については、前記Ⅰ～Ⅳの各1に同じものとする。ただし、破産の場合においては、経常建設共同企業体についても解散又は組替えによる新たな経常建設共同企業体としての認定を認めることができる。この場合において、指名競争入札の場合は、指名の時より前であれば、技術資料の再提出をすることができ、一般競争入札の場合は開札の時より前であれば、競争参加資格の確認を申請することができる。

2　開札後に構成員の一部が破産した場合

⑴　開札の時（落札決定時）以降は、契約書作成前であったとしても、契約は原則として成立しており、契約の相手方を変更することは認められない。この契約の取扱いについては、残存構成員の施工能力を総合的に判断し、決定するものとする。

⑵　⑴の判断に当たっては、残存構成員の施工能力を踏まえつつ、現場の状況、下請企業及び金融機関との関係等を考慮して、当該共同企業体において施工が可能であるものはできる限り施工させることを基本とする。残存構成員が一社である場合で、当該一社での施工

を認めることとなった場合には、当該共同企業体は存続し、かつ、従前の契約は有効として取扱うことができるものとする。

(3) 契約書作成前にあっては、施工が可能であると判断される場合には契約書を作成し、不可能であると判断されるときには、契約の解除を申し入れた後、再度入札を実施するものとする。

(4) 契約書作成後にあっては、施工が可能であると判断される場合には、契約を継続し、不可能であると判断される場合には、契約を解除するものとする。

〇共同企業体の運営について

〔平成10年12月24日　建設省経振発第77号〕

建設省建設経済局建設振興課長から　建設業団体の長あて

　ＪＶの適正な運営については、既に共同企業体協定書、共同企業体運営指針（平成元年５月16日付け建設省経振発第52〜54号）及び共同企業体運営モデル規則（平成４年３月27日付け建設省経振発第33〜35号）において周知されているところであるが、実際のＪＶの運営においては意思決定や資金管理の方法について構成員間の意思疎通が不十分なことにより適正な運営が実現されていない場合若しくはあらかじめ構成員間で十分な合意に達していないため運営に混乱が生じている場合が見受けられるため、下記の事項に留意しつつＪＶのより適正な運営をお願いしたい。

記

1　前払金の取扱については、出資の割合に基づき分配する方法とＪＶの前払金専用口座に留保する方法があり、各ＪＶの構成員間の協議によりどちらの方法をとるか決定できること。

2　資金管理については、代表者が一元的に行っている場合が多いが、その場合でも各構成員に対して手形の使途や出入金の事実等について報告する等、資金管理についての疑義が生じないよう配慮すること。

3　実行予算の作成や利益の分配、下請企業の決定等の重要事項については、代表者のみで決定せず共同企業体の最高意思決定機関である運営委員会において協議の上決定すること。

4　共同企業体の取引は、共同企業体の名称を冠した代表者名義の別口預金口座によるものとし、取引の際には相手方に対して、共同企業体としての取引であることを明らかにすること。また、共同企業体として締結した下請契約に基づき下請企業が有する債権に係る支払及び共同企業体の構成員が共同企業体に対して有する債権に係る支払等については、当該口座から支払うものとすること。

5　代表者が脱退した場合及び代表者としての債務を果たせなくなった場合における代表者の権限の停止や代表者の変更等について、あらかじめ共同企業体協定書等で定めておくことは差し支えない。

　また、発注者に対しては、会社更生手続申立ての事実のみをもって契約を解除することなく、当該共同企業体の施工能力を実質的に勘案して契約の存否を決めることが望ましい旨通知したところであるが、共同企業体の構成員間においても、会社更生手続申立ての事実のみをもってして、共同企業体の構成員を除名又は脱退を勧告することは妥当でなく、当該申立て会社が構成員としての義務を果たすことができるかどうかを実質的に判断することが望ましい。

○経常建設共同企業体の活用促進について

〔平成10年12月24日　建設省経振発第82号〕

建設省建設経済局建設振興課長から
各省庁担当課長
都道府県担当部長
建設省担当課長あて
公団等担当課長

　経常建設共同企業体の活用については、すでに「共同企業体の資格審査要領の一部改正について」（平成9年8月8日付け建設省経振発第62、63号）及び「共同企業体運用基準の策定、改定等について」（平成10年2月13日付け建設省経振発第13、14号）において周知しているところであるが、建設業のおかれている厳しい経営状況に鑑み、特に公共事業依存度の高い中小・中堅建設業者の企業連携・協業化を進めるためには、経常建設共同企業体のより一層の活用が必要と考えられることから、以下の事項について更に留意されるようお願いする。

　なお、貴管下公団等及び市町村に対してもこの旨通知をお願いする。

記

1　経常建設共同企業体の対象企業の拡大

　経常建設共同企業体の構成員となり得べき中小・中堅建設業者は、資本の額又は出資の総額が20億円以下の会社並びに常時使用する従業員の数が1,500人以下の会社及び個人とすること。

2　客観点数及び主観点数の調整

　経常建設共同企業体の客観的事項の審査及び級別格付を行うに当たっては、当該企業体の結合の強弱及び適否を勘案し、客観的事項について算定した点数（以下「客観点数」という。）及び主観的事項について算定した点数（以下「主観点数」という。）について、おおむね20%の範囲内で調整することができるものとする。

　なお、当分の間、当該企業体について、適切な施工力を備え、かつ、継続的な協業関係が確保されると認められる場合には、客観点数及び主観点数について、それぞれ10%プラスに調整することができるものとする。

○甲型共同企業体標準協定書の見直しについて

〔平成14年3月29日　国土交通省総振第164号〕

国土交通省総合政策局建設振興課長から

国土交通省担当課長
各 省 庁 担 当 課 長
関係公団等担当部長　あて
都道府県等担当部長

　甲型共同企業体標準協定書の見直しについては、経常建設共同企業体にあっては各発注機関の長に対し「「中小建設業の振興について」（昭和37年11月27日建設省発計第79号）の一部改正について」（平成14年3月29日国総振第160号）を、特定建設工事共同企業体にあっては各省庁担当課長、関係公団等担当部長及び都道府県等担当部長に対し「特定建設工事共同企業体協定書（甲）の一部改正について」（平成14年3月29日国総振第162号）を発出したところである。

　この見直しの趣旨等は下記のとおりであるので、貴管下発注機関の契約の相手方となる共同企業体の適正な運営に向けて適切な指導が行われるよう、貴職におかれてはその趣旨等をよく理解され、貴管下発注機関に対し周知方お願いする。

記

1　○○経常建設共同企業体協定書（甲）（以下「経常協定書」という。）第7条及び特定建設工事共同企業体協定書（甲）（以下「特定協定書」という。）第7条の改正について

　　本条は、共同企業体の代表者が、その建設工事に関し、発注者及び監督官庁との折衝、請負代金の請求、受領等を行う権限を有するものとしている。

　　本条の改正は、その権限の行使の効果が帰属する主体を共同企業体とするためには、その権限の行使が共同企業体を代表して行うものであることを名義上明らかにする必要があることから、その趣旨を明確化するために行うものである。

2　経常協定書第9条及び特定協定書第9条の改正について

　　本条は、共同企業体は、その最高意思決定機関である運営委員会を設け、建設工事の完成に当たるものとしている。

　　本条の改正は、共同企業体の適正な運営を確保するためには、運営委員会において、組織及び編成並びに工事の施工の基本に関する事項、実行予算及び決算方法の承認に関する事項等のほか、資金管理方法や下請企業等の決定に関する事項等も含め、共同企業体の運営に関する基本的かつ重要な事項について、構成員全員が十分に協議したうえでその意思決定を行うことが必要であり、代表者のみで決定すべきものではないことから、その趣旨を明確化するために行うものである。

3　経常協定書第10条及び特定協定書第10条の改正について

　　本条は、各構成員が、建設工事の請負契約の履行に関し、連帯して責任を負うものとしている。

　　本条の改正は、甲型共同企業体が、建設工事の施工を共同で行うことに合意して形成された複数の建設業者から成る民法上の組合の一種であり、その各構成員は共同企業体がその事業の

ために第三者に対して負担した債務について、商法第511条第1項により連帯債務を負うべきものと解されていることから、各構成員は、従来の建設工事の請負契約の履行に加えて、下請企業との契約、資機材企業との契約その他の建設工事の実施に伴い共同企業体が負担する債務の履行に関しても、連帯して責任を負うべきである旨を明確化するために行うものである。

　なお、共同企業体が締結する下請契約等は、共同企業体として行うものであることから、共同企業体の名称を冠して共同企業体の代表者及びその他の構成員全員の連名により、又は少なくとも共同企業体の名称を冠した代表者の名義で締結すること。

4　経常協定書第11条及び特定協定書第11条の改正について

　⑴　本条は、代表者の名義により設けられた別口預金口座によって、各構成員からの出資金の入金、発注者からの請負代金の受入、取引業者に対する支払等の資金取引をするものとしている。

　　本条の改正は、共同企業体の会計処理の公正性、明瞭性の確保をするとともに、共同企業体固有の財産を代表者の財産と峻別するため、代表者名義の別口預金口座ではなく、共同企業体の名称を冠した代表者名義の別口預金口座により資金取引をすることとするために行うものである。

　　なお、「前払金保証約款」において別口普通預金口座により行うこととされている前払金に関する受入、支払等の資金取引についても、同様の取扱いとすべきことは当然であることを申し添える。

　⑵　共同企業体施工工事について代表者の会計に取り込んで会計処理を行っている例が見られるが、⑴の目的を達成するためには、⑴の措置に加え、共同企業体独自の会計単位により会計処理を行うべきものであること。

　⑶　前払金の取扱いについては、出資の割合に基づき分配する方法と共同企業体の前払金専用口座に留保する方法があり、各構成員間の協議によりどちらの方法をとるかを決定し、前払金の適正な使用を確保すること。

　⑷　下請企業等への支払については、共同企業体が前払金の支払を受けたときは、下請企業等に対して、資材の購入、建設労働者の募集その他建設工事の着手に必要な費用を前払金として支払うとともに、発注者から現金による支払があったときには、共同企業体は受注者たる下請企業等に対して相応する額を速やかに現金で支払うよう適切に配慮すること。

5　経常協定書第16条の2及び特定協定書第16条の2の追加について

　本条の追加は、3社の構成員から成る共同企業体では、共同企業体協定書において除名に関する規定がない場合であっても、民法上の規定に基づく除名対象者以外の構成員全員の承認及び発注者の承認を得ることにより、構成員の除名を行うことは可能であったが、共同企業体の適正な運営を確保するため、その趣旨を明確化するために行うものである。

　「除名し得る正当な理由」には、除名される構成員に重要な義務の不履行が生じた場合のほか、共同企業体の業務執行に当たり不正な行為をした場合等が該当すると考えられるが、単に会社更生手続開始の申立てや民事再生手続開始の申立ての事実のみをもって除名することは妥当ではなく、当該申立て会社については構成員としての義務を果たすことができるかどうかを

実質的に判断すること。

　　なお、2社の構成員から成る共同企業体においては、除名を行うためには予め共同企業体協定書において契約事項として定めておく必要があること。この場合において、当該共同企業体は民法上の組合としての実態を失うものの、残存構成員たる1社が当該工事を完成する能力及び意思があると認められるときは、当該共同企業体は継続し、かつ、従前の契約は有効として取扱うことが適当であること。

6　経常協定書第17条の2及び特定協定書第17条の2の追加について

　　本条の追加は、共同企業体の適正な運営を確保する観点から、工事途中において、他の構成員全員及び発注者の承認により代表者を変更できることとするために行うものである。

　　「代表者として責務を果たさなくなった場合」には、代表者としての権限行使が適切に行えなくなった場合等が該当すると考えられるが、単に会社更生手続開始の申立てや民事再生手続開始の申立ての事実のみをもって代表者を変更することは妥当ではなく、当該申立て会社については代表者としての義務を果たすことができるかどうかを実質的に判断すること。

　　なお、特定建設工事共同企業体においては、代表者は円滑な共同施工を確保するため中心的役割を担う必要があるとの観点から、施工能力が大きい者とされており、また、代表者の出資比率は構成員中最大とされていることから、代表者を変更する場合は、他の構成員のうち施工能力が大きい者（等級の異なる者による組合せにあっては、上位等級の者）とするとともに、出資比率を当該構成員の出資比率が構成員中最大となるよう変更すること。

　　　附　　則

1　「「中小建設業の振興について」（昭和37年11月27日建設省発計第79号）の一部改正について」（平成14年3月29日国総振第160号）及び「特定建設工事共同企業体協定書（甲）の一部改正について」（平成14年3月29日国総振第162号）による改正後の経常協定書及び特定協定書は、平成14年度以後に競争参加資格の認定を受ける共同企業体について適用されるが、本則4(2)については、共同企業体の会計処理を自らの会計に取り込んで行っている建設業者がその会計処理方法を変更するために電算システムの変更等の準備に一定期間を要する場合において、本則4(1)の目的の達成に資するため、共同企業体独自の預金口座の資金の留保が可能な限り行われないよう、構成員に対する出資金の請求時期を取引業者に対する現金による代金支払い時に限定する等の資金管理方法が運営委員会において決定されたときに限り、準備に要する期間の範囲内で、かつ、平成15年3月31日までに競争参加資格の認定を受けた共同企業体については、適用しないものとする。

2　本則4(3)及び(4)については、平成13年度以前に競争参加資格の認定を受けた共同企業体についても適用する。

○共同企業体への工事の発注に関する留意事項等について

平成14年11月11日
国地契第50号
国官技第202号
国営計第111号

国土交通省大臣官房地　方　課　長　　　各地方整備局総務部長
　　　　　　　　　技術調査課長から　　　　　　企画部長あて
　　　　　　　　　営繕計画課長　　　　　　　　営繕部長

　共同企業体への工事の発注に関しては、「共同企業体への工事の発注に関する留意事項について」（平成11年２月10日付け建設省厚契発第12号、建設省経振発第16号）に基づき、契約の相手方となる共同企業体の運営の適正化のために指導を行っているところであるが、このたび別添の通り「「中小建設業の振興について」（昭和37年11月27日建設省発計第79号）の一部改正について」（平成14年３月29日付け国総振第160号）及び「特定建設工事共同企業体協定書（甲）の一部改正について」（平成14年３月29日付け国総振第162号）により共同企業体協定書（甲）の改正が行われ、また、「甲型共同企業体標準協定書の見直しについて」（平成14年３月29日付け国総振第164号）により当該改正の趣旨等に基づく共同企業体への適切な指導が求められたところである。

　ついては、共同企業体を活用した工事の円滑かつ迅速な施工を確保すべく、契約の相手方となる共同企業体の運営が適正なものとなるよう、下記１の事項に留意の上、適切な指導を行うとともに、下記２の事項に留意の上、確認及び承認等を実施されたい。

記

1　共同企業体への工事の発注に関する留意事項

(1)　代表者の権限の明確化について

　　　共同企業体の代表者は、その建設工事に関し、発注者及び監督官庁との折衝、請負代金の請求、受領等を行う権限を有するものとするのが原則であるが、その権限の行使の効果が帰属する主体を共同企業体とするためには、その権限の行使が共同企業体を代表して行うものであることを名義上明らかにする必要があること。

(2)　運営委員会での十分な協議について

　　　共同企業体の最高意思決定機関である運営委員会においては、共同企業体の適正な運営を確保するため、組織及び編成並びに工事の施工の基本に関する事項、実行予算及び決算方法の承認に関する事項等のほか、資金管理方法や下請企業等の決定に関する事項等も含め、共同企業体の運営に関する基本的かつ重要な事項について、構成員全員が十分に協議した上でその意思決定を行うことが必要であり、代表者のみで決定すべきものではないこと。

(3)　共同企業体の構成員の責任について

　　　甲型共同企業体は、建設工事の施工を共同で行うことに合意して形成された複数の建設業者から成る民法上の組合の一種であり、その各構成員は共同企業体がその事業のために第３者に対して負担した債務について、商法第511条第１項により連帯債務を負うべきものと解されていることから、各構成員は、従来の建設工事の請負契約の履行に加えて、下請企業との契約、資機材企業との契約その他の建設工事の実施に伴い共同企業体が負担する債務の履

行に関しても、連帯して責任を負うべきであること。

　なお、共同企業体が締結する下請契約等は、共同企業体として行うものであることから、共同企業体の名称を冠して共同企業体の代表者及びその他の構成員全員の連名により、又は少なくとも共同企業体の名称を冠した代表者の名義により締結すること。

(4)　会計処理について

①　共同企業体の会計処理の公正性、明瞭性の確保をするとともに、共同企業体固有の財産を代表者の財産と峻別するため、単なる代表者名義の別口預金口座ではなく、共同企業体の名称を冠した代表者名義の別口預金口座により資金取引をする必要があること。

　なお、「前払金保証約款」において別口普通預金口座により行うこととされている前払金に関する受入、支払等の資金取引についても、同様の取扱いとすべきことは当然であること。

②　①の目的を達成するためには、①の措置に加え、共同企業体独自の会計単位により会計処理を行うべきものであること。

③　前払金の取扱いについては、出資の割合に基づき分配する方法と共同企業体の前払金専用口座に留保する方法があり、各構成員間の協議によりどちらの方法をとるかを決定し、前払金の適正な使用を確保すること。

　また、下請企業等に対する前払金の支払については、共同企業体が前払金の支払を受けたときは、下請企業等に対して、資材の購入、建設労働者の募集その他建設工事の着手に必要な費用を前払金として支払うとともに、完成払等発注者から支払があったときには、共同企業体は受注者たる下請企業等に対して相応する額を速やかに支払うよう適切に配慮すること。

(5)　構成員の除名について

　3社の構成員から成る共同企業体では、構成員のうちいずれかが、工事途中において重要な義務の不履行その他の除名し得る正当な事由を生じた場合においては、共同企業体協定書において除名に関する規定がない場合であっても、民法上の規定に基づく除名対象者以外の構成員全員の承認及び発注者の承認を得ることにより、構成員の除名を行うことが可能であること。

　「除名しうる正当な事由」には、除名される構成員に重要な義務の不履行が生じた場合のほか、共同企業体の業務執行に当たり不正な行為をした場合等が該当すると考えられるが、単に会社更生手続開始の申立てや民事再生手続開始の申立ての事実のみをもって除名することは妥当ではなく、当該申立て会社については構成員としての義務を果たすことができるかどうかを実質的に判断すること。

(6)　代表者の変更について

　共同企業体においては、共同企業体の適正な運営を確保する観点から、工事途中において、代表者が脱退し若しくは除名された場合又は代表者としての責務を果たせなくなった場合において、他の構成員全員及び発注者の承認により代表者を変更することができるよう、予め共同企業体協定書において定めておく必要があること。

「代表者としての責務を果たせなくなった場合」には、代表者としての権限行使が適切に行えなくなった場合等が該当すると考えられるが、単に会社更生手続開始の申立てや民事再生手続開始の申立ての事実のみをもって代表者を変更することは妥当ではなく、当該申立て会社については代表者としての義務を果たすことができるかどうかを実質的に判断すること。

　　なお、特定建設工事共同企業体においては、代表者は円滑な共同施工を確保するため中心的役割を担う必要があるとの観点から、施工能力が大きい者とされており、また、代表者の出資比率は構成員中最大とされていることから、代表者を変更する場合は、他の構成員のうち施工能力が大きい者（等級の異なる者による組合せにあっては、上位等級の者）とするとともに、出資比率を当該構成員の出資比率が構成員中最大となるよう変更すること。

2　確認及び承認等

(1)　契約課又は経理課（経理課が置かれていない事務所にあっては、総務課等。以下「契約担当課」という。）は、工事請負契約の締結に当たって甲型共同企業体から共同企業体協定書の提出を受けた際に、当該共同企業体協定書（以下「当該協定書」という。）について、経常建設共同企業体にあっては○○経常建設共同企業体協定書（甲）（「中小建設業の振興について」（昭和37年11月27日建設省発計第79号）によるものをいう。以下「経常協定書」という。）の、特定建設工事共同企業体にあっては特定建設工事共同企業体協定書（甲）（「建設工事共同企業体の事務取扱いについて」（昭和53年11月1日建設省計振発第69号）によるものをいう。以下「特定協定書」という。）の規定及び上記1の趣旨に照らして、代表者の権限、運営委員会、構成員の責任及び取引金融機関等当該協定書の規定が不適切なものでないことを確認すること。

　　なお、当該協定書について不適切な規定がある場合には、甲型共同企業体に対して、速やかに当該協定書の変更を行い、上記1の趣旨及び経常建設共同企業体にあっては経常協定書の、特定建設工事共同企業体にあっては特定協定書の規定に反しないものとするよう指導すること。

(2)　契約担当課は、施工体制台帳により一次下請契約が共同企業体の名称を冠して共同企業体の代表者及びその他の構成員全員の連名により、又は少なくとも共同企業体の名称を冠した代表者の名義で締結されているか確認を行うこと。なお、単なる代表者名義で締結されている等不適切な場合には、共同企業体の名称を冠して共同企業体の代表者及びその他の構成員全員の連名により、又は少なくとも共同企業体の名称を冠した代表者の名義により締結するよう指導すること。

(3)　契約担当課は、前払金支払請求書又は請負代金支払請求書が到達した際、預金口座が、共同企業体の名称を冠した代表者名義の別口預金口座となっているか確認を行うこと。なお、預金口座が単なる代表者名義の別口預金口座である等不適切な場合には、預金口座を共同企業体の名称を冠した代表者名義の別口預金口座とするよう指導すること。

(4)　契約担当課及び当該工事を所掌する課は、工事途中における構成員の脱退、構成員の除名又は代表者の変更の承認に際しては、工事の進捗状況を勘案しつつ、適正な施工継続が可能

であるか等を判断した上で承認を行うこと。なお、承認にあたり、疑義が生じた場合は本省担当課へ事前に時間的余裕を持って協議すること。

(5)　共同企業体の会計処理については、各建政部が、建設業法第31条第1項に基づく立入検査を実施した際に、独立会計単位により経理処理を行っているかどうかを確認する場合があることを申し添える。

　　　附　則

本通達は、平成14年11月11日以降に競争参加資格の認定を受けた共同企業体について適用するものとする。本則1(4)②については、共同企業体の会計処理を自らの会計に取り込んで行っている建設業者がその会計処理方法を変更するために電算システムの変更等の準備に一定期間を要する場合において、本則1(4)①の目的に資するため、共同企業体独自の預金口座の資金の留保が可能な限り行われないよう、構成員に対する出資金の請求時期を取引業者に対する現金による代金支払い時に限定する等の資金管理方法が運営委員会において決定されたときに限り、準備に要する時間の範囲内で、かつ、平成15年3月31日までに競争参加資格の認定を受けた共同企業体については、適用しないものとする。

○地域維持型建設共同企業体の取扱いについて

〔平成23年12月9日　国土入企第26号〕

国土交通省土地・建設産業局建設業課長から　各省各庁主管担当課長
各都道府県主管担当部局長あて
各政令指定都市主管担当部局長

　地域維持型建設共同企業体については、「公共工事の入札及び契約の適正化を図るための措置に関する指針（平成13年3月9日閣議決定、平成23年8月9日一部変更)」において地域の実情を踏まえつつ、活用するものとされているところですが、中央建設業審議会において、「共同企業体の在り方について」（昭和62年中建審発第12号）が平成23年11月11日に改正され、新たに地域維持型建設共同企業体の運用準則が定められたことを受け、地域維持型建設共同企業体の取扱いについて下記のとおり定めましたので、地域維持型建設共同企業体の運用にあたって参考とするようお願いいたします。

　なお、特定建設工事共同企業体及び経常建設共同企業体の取扱いについては従前のとおりであり、貴管下の機関におかれましては引き続き共同企業体運用準則の趣旨をご理解の上、適正な運用を行うようお願いします。

　独立行政法人、特殊法人等を所管する関係府省におかれては、必要に応じて所管法人に対し、各都道府県におかれては、貴都道府県内の市区町村（政令指定都市を除く。）に対し、また、所管の法人（市区町村所管のものを含む。）に対しても、この旨通知をお願いします。

記

第1　趣旨

　建設投資の大幅な減少等に伴い、地域の建設企業の減少、小規模化が進み、社会資本等の維持管理や除雪など地域における最低限の維持管理までもが困難となる地域が生じかねない状況にある。この通知は、このような地域において、地域の複数の建設企業の共同を促すことにより、施工の効率化と必要な施工体制の安定的な確保を図り、地域の維持管理が持続的に行われるよう、地域維持事業の実施を目的に、地域精通度の高い建設企業で構成される地域維持型建設共同企業体（以下「地域JV」という。）の導入の円滑な促進を図ることを目的とする。

第2　対象工事等

(1)　地域JVが競争に参加することができるとする工事は、(2)に掲げる工事であって、かつ、地域における担い手確保が将来的に困難となるおそれがあるため地域JVを競争に参加させる必要があると認められるものとする。したがって、現時点においては、単体企業や経常建設共同企業体（以下「経常JV」という。）が参加できる場合であっても担い手育成の観点から地域JVを競争に参加させることができるものとする。

　また、地域JV以外の単体企業や経常JVの参加が見込まれない状況においては、地域JVのみで競争を行うことも差し支えない。いずれにしても、地域の実情や、施工可能者の数に応じて、発注者が適切に判断すること。

(2)　(1)に規定する地域JVの対象となり得る工事は、社会資本の維持管理のために必要な工事

のうち、災害応急対応、除雪、修繕、パトロールなど地域事情に精通した建設企業が当該地域において持続的に実施する必要がある工事とし、維持管理に該当しない新設・改築等の工事を含まないものとする。

　なお、ここでいう「工事」には、単体で発注した場合は役務となるもの（除雪、パトロール等）であっても、工事と一体として発注した場合には、全体として工事の請負契約になるものを含んでいる。

(3)　(2)に規定する地域ＪＶの対象となり得る工事は、例えば、次に掲げるものである。

①　道路に係る維持管理

　舗装修繕、路面清掃、除草・樹木伐採、植栽・芝生養生、巡回、施設点検、応急処置その他道路維持・道路修繕に係る工事等

②　河川に係る維持管理

　舗装修繕、清掃、除草・樹木伐採、植栽・芝生養生、巡視、施設の点検・操作、応急処置その他河川維持・河川修繕に係る工事等

③　除雪

　除雪、運搬排雪、凍結防止、巡回・状況調査等

④　災害応急対応

　情報連絡体制の構築、協力体制の編成、資機材保有状況の把握、発災時の被害情報収集、危険箇所の表示、障害物の除去その他緊急性の高い応急復旧工事等

(4)　地域ＪＶ等が効率化を図りながら安定的に工事の施工が行えるよう、地域や工事の実情に応じ、契約期間を複数年とする、又は一定の区域内における複数の工事若しくは複数の工種を組み合わせるなど、従来よりも包括的に一件の発注案件とする方式の活用に努めるものとする。

第3　地域ＪＶの内容

(1)　構成員の数

　地域ＪＶの構成員の数は、地域や対象工事の実情に応じて発注者が定めるものとするが、共同企業体として円滑な共同施工が確保される規模にとどめること。このため、発注工事の規模や性質にもよるが、構成員数の上限は、当面、10社程度とするものとする。

(2)　組合せ

　構成員の組合せは、発注工事に対応する工事種別に係る建設業許可を有した企業（以下「有資格企業」という。）の組合せとするものとし、土木工事業（土木工事業で受注可能な工事に限る。）又は建築工事業（建築工事業で受注可能な工事に限る。）の有資格企業を必ず少なくとも１社含む組合せとする。なお、土木工事業又は建築工事業の許可では受注できない工事については、土木工事業又は建築工事業の有資格企業を必ず少なくとも１社含むとの規定は適用しないものとする。

　なお、個人や経常ＪＶの構成員である一の企業が地域ＪＶの構成員となることも可能であり、また、意思決定の仕組みが重複的とならず、円滑な施工が行われることが想定される協業組合、企業組合については構成員として認めても良いが、事業協同組合については共同企

業体としての意思決定が重複的となるおそれがあることから、構成員としては認められない旨留意すること。

(3) 構成員の資格要件等

構成員の資格要件等については、共同企業体運用準則に記載したとおりであるが、地域の地形・地質等に精通しているとともに、迅速かつ確実に現場に到達できることの判断要件としては、例えば、本店の所在地、防災協定の締結の有無、地元発注工事の受注実績などから適切に判断すること。また、具体的な技術者の配置については、「第5 監理技術者の制度運用について」を参照すること。

(4) 出資比率要件

甲型の地域JV（建設共同企業体協定書（甲）を使用する地域JVをいう。以下同じ。）の出資比率の最低限度基準については、原則として全ての構成員が、均等割の10分の6以上の出資比率であるものとするが、事業実施量等も勘案し、柔軟に設定することができるものとする。ただし、地域JVの構成員が工事の施工に関して連帯責任を負うことに鑑み、出資を行わない者を構成員とすることは認めないものとする。

なお、同様の理由から、乙型の地域JV（建設共同企業体協定書（乙）を使用する地域JVをいう。以下同じ。）について分担工事額がない者を構成員とすることも認められないものとする。

(5) 代表者要件

代表者要件については、共同企業体運用準則に記載したとおりとする。

第4 登録

(1) 登録できる数

一の企業が各登録機関毎に結成・登録することができる地域JVの数は、原則として一とし、継続的な協業関係を確保するものとする。ただし、例えば発注者の定める工事の種別が異なる地域JVが必要となる場合は、発注者の判断において、一以上の地域JVを結成・登録させてよいものとする。

(2) 一の企業としての登録等

地域JVについては、一の企業と地域JVとの同時登録並びに経常JV及び特定建設工事共同企業体（以下「特定JV」という。）と地域JVとの同時結成及び登録は可能であるものとする。

(3) 登録時期

登録時期は単体企業の場合に準ずるものとするが、地域JVの登録については、工事の公告後に結成される場合もあり得ることを踏まえ、定時の登録に加え、必要に応じ随時の登録も活用することとし、工事の公告に当たっては登録手続に必要な期間を十分に確保する、又は、工事内容について事前に概要を公表しておくことが望ましい。

第5 監理技術者等の制度運用について

地域JVの主任技術者又は監理技術者（以下「監理技術者等」という。）の制度運用については、「監理技術者制度運用マニュアル」（平成16年3月1日国総建第315号）の規定にかかわ

らず、本通知に定めるとおりとする。なお、本通知に定めのないものについては、「監理技術者制度運用マニュアル」のとおりとする。

(1) 甲型の地域ＪＶの場合

・下請契約の額が三千万円（建築一式工事の場合は四千五百万円）未満又は下請契約を締結しない場合は、全ての構成員は主任技術者を工事現場毎に設置すること。設置される主任技術者は原則として国家資格を有する者とすべきである。なお、請負金額が二千五百万円（建築一式工事の場合は五千万円）以上となる場合は設置された主任技術者は専任でなければならない。

・下請契約の額が三千万円（建築一式工事の場合は四千五百万円）以上となる場合は、特定建設業者たる構成員一社以上が監理技術者（その他の構成員は主任技術者）を設置しなければならない。また、請負金額が二千五百万円（建築一式工事の場合は五千万円）以上となる場合は設置された監理技術者は専任でなければならない。

・ただし、請負金額が二千五百万円（建築一式工事の場合は五千万円）以上であっても、土木工事業又は建築工事業の許可を有した上位等級の構成員（代表者でなくても可）が監理技術者等を専任させる場合は、その他の構成員が設置する監理技術者等は専任を求めない。

(2) 乙型の地域ＪＶの場合

・分担工事に係る下請契約の額が三千万円（建築一式工事の場合は四千五百万円）未満又は下請契約を締結しない場合は、当該分担工事を施工する建設企業は、主任技術者を当該工事現場に設置すること。設置される主任技術者は原則として国家資格を有する者とすべきである。なお、分担工事に係る請負金額が二千五百万円（建築一式工事の場合は五千万円）以上となる場合は設置された主任技術者は専任でなければならない。

・分担工事に係る下請契約の額が三千万円（建築一式工事の場合は四千五百万円）以上となる場合は、当該分担工事を施工する特定建設業者は、監理技術者を設置しなければならない。また、分担工事に係る請負金額が二千五百万円（建築一式工事の場合は五千万円）以上となる場合は設置された監理技術者は専任でなければならない。

(3) 監理技術者等の専任期間

・発注者から直接建設工事を請け負った建設企業が、監理技術者等を工事現場に専任で設置すべき期間は契約工期が基本となるが、たとえ契約工期中であっても、例えば工事が明らかに行われていない期間は工事現場への専任は、甲型、乙型共に要しない。ただし、発注者と建設企業の間で次に掲げる期間が設計図書もしくは打合せ記録等の書面により明確となっていることが必要である。

（例）

包括発注された地域維持事業の工期中で、単体で発注した場合に役務となる行為（巡回、除草、除雪等）のみを行う期間。

第6　資格審査について

地域ＪＶの資格審査は、次によるものとする。

(1) 的確性の審査

　　地域ＪＶ構成員の全員について、不誠実な行為の有無及び経営状態に関する的確性の審査を行うものとする。

(2) 客観的事項の審査

　　地域ＪＶの経営に関する客観的事項の審査は、建設業法第27条の23第３項に基づく平成20年国土交通省告示第85号及び平成22年国土交通省告示第1175号（平成20年１月31日。平成22年10月15日改正。）及び「経営事項審査の事務取扱いについて（通知）」（平成20年１月31日国土交通省国総建第269号及び平成22年10月15日国土交通省国総建第162号。）に準じて行うものとし、各審査項目については次のとおり取り扱うものとする。

　㈠　経営規模の審査は、各構成員の種類別年間平均完成工事高、自己資本の額及び平均利益額のそれぞれの和を用いて行うものとする。

　㈡　経営状況の審査は、各構成員について算定される経営状況の評点の平均値によるものとする。

　㈢　技術力の審査は、許可を受けた建設業の種類別の技術職員の数及び許可を受けた建設業に係る建設工事の種類別年間平均元請完成工事高のそれぞれの和を用いて行うものとする。

　㈣　その他の審査項目（社会性等）の審査は、各構成員について算定されるその他の審査項目（社会性等）の評点の平均値によるものとする。

(3) 主観的事項の審査

　　地域ＪＶの工事施工能力に関する主観的事項の審査方法は、発注者において定めるものとする。

(4) 添付書類の簡素化

　　地域ＪＶの各構成員が、同一発注者に対して資格審査申請書を提出している場合は、共同企業体資格審査に必要な各構成員の添付書類を簡素化するよう配慮すること。

第７　建設業法上の取扱いについて

(1) 地域ＪＶの構成員が有する建設業法上の許可業種が異なる場合、許可業種と施工しようとする工事の対応は、次のとおりとする。

　イ　甲型の地域ＪＶの場合

　　次のすべての要件を満たすものであること。

　　ⅰ　地域ＪＶにより施工しようとする建設工事の種類の全部が構成員のいずれかの許可業種に対応していること。

　　ⅱ　各構成員についてそれぞれの許可業種の全部又は一部がその工事の種類の全部又は一部に対応していること。

　ロ　乙型の地域ＪＶの場合

　　地域ＪＶが定めた分担工事の種類と、当該構成員の許可業種が対応していること。

(2) 地域ＪＶによる工事の施工において建設業法施行令第２条に定める金額以上となる下請契約は、次の要件を満たす場合に締結できるものとする。

イ　甲型の地域ＪＶにおいて下請契約を締結する場合

　　甲型の地域ＪＶの下請契約は、構成員全体の責任において締結するものであるので、構成員のうち１社以上（できる限り当該共同企業体の代表者が含まれていること。）が建設業法第15条の規定に基づく特定建設業の許可を受けたものであること。

ロ　乙型の地域ＪＶにおいて下請契約を締結する場合

　　乙型の地域ＪＶの下請契約は、構成員各自が締結するものであるので、当該構成員が建設業法第15条の規定に基づく特定建設業の許可を受けたものであること。

第8　施工の監督について

　共同企業体は、その協定の定めるところにより共同で施工することを約しているものであるので、共同企業体による施工の監督に当たっては、通常の監督業務に加えて、構成員全員による共同施工を確保するため、共同企業体の運営委員会の委員名及び工事事務所の組織、人員配置等を記載した従前からある共同企業体編成表や施工体系図、施工体制台帳等（以下「編成表等」という。）を適宜使用し提出させる等により行うことが適当である。

　この編成表等は、特記仕様書又は現場説明書等により求めることが望ましい。

第9　地域ＪＶによる実績の個別企業への反映について

⑴　地域ＪＶにより施工した工事については、次により算出した額を各構成員の完成工事高として取り扱うものとする。

イ　甲型の地域ＪＶの場合

　　請負代金額に各構成員の出資の割合を乗じた額

ロ　乙型の地域ＪＶの場合

　　運営委員会で定めた各構成員の分担工事額

⑵　地域ＪＶにより施工した工事について工事の評価を行う場合において、それを工事全体につき評価するときは、その評価の個別企業での取り扱いについては、発注者において定めるものとする。

第10　構成員、代表者、出資比率等の変更について

⑴　構成員の脱退の取扱いについては、以下のとおりとする。

イ　甲型の地域ＪＶについては、他の構成員全員及び発注者の承認がなければ、当企業体が建設工事を完成する日まで脱退することができないものとする。

ロ　乙型の地域ＪＶについては、構成員は、当企業体が建設工事を完成する日まで脱退することができないものとする。

ハ　構成員が工事途中で破産又は解散等した場合には、当然に共同企業体から脱退することとなるものとする。

⑵　構成員の除名については、工事の途中において、一部の構成員に重要な義務の不履行その他の除名し得る正当な事由が生じた場合に限り、他の構成員全員及び発注者の承認により当該構成員を除名することができる。この場合、当該共同企業体は、除名した構成員に対してその旨を通知しなければならない。

⑶　工事の途中において、一部の構成員が脱退した場合（除名した場合を含む。）、残存構成員

のみでは適正な施工の確保が困難なときは、原則として契約を解除するものとし、新たな構成員の加入については入札契約の透明性・公平性等の観点から、真にやむを得ない場合を除いては認めないものとする。なお、脱退、除名した構成員については再加入できないものとする。

(4) 建設共同企業体協定書（甲）第8条に基づく協定書中「ただし、当該工事について発注者と契約内容の変更増減があっても構成員の出資の割合は変わらないものとする。」旨の規定は、甲型共同企業体の場合、工事内容の変更があったつど当初に定めた出資の割合を当然には変更するものではないという趣旨であるが、当該工事内容の規模又は性質の変更その他特段の事情に基づき各構成員の出資の割合を変更する合理的な必要性がある場合には、他の構成員全員及び発注者の承認により出資の割合を変更しても良い。出資の割合の変更に当たっては、請負契約の内容の変更に当たることから発注者に対して遅滞なく書面をもってその旨を通知し承諾を得ることとする。

なお、乙型の地域ＪＶにおける分担工事の変更についても、上記の出資比率の変更に準じて、出資比率を分担施工額と読み替え取り扱うものとする。

(5) 代表者が脱退若しくは除名の場合又は代表者としての責務が果たせなくなった場合において、従前の代表者に代えて、他の構成員全員及び発注者の承認により残存構成員のうちいずれかを代表者とすることができるものとする。

第11 その他の通達の適用について

「共同企業体の構成員の一部について会社更生法に基づき会社更生手続開始の申立てがなされた場合等の取扱について」（平成10年12月24日建設省経振発第74号）の適用については、経常ＪＶと同様とする。

また、「共同企業体運営指針」（平成元年5月16日建設省経振発第52、53、54号。以下「指針」という。）及び「共同企業体運営モデル規則」（平成4年3月27日建設省経振発第33、34、35号）については、地域ＪＶについても適用されるものとし、甲型共同企業体標準協定書及び乙型共同企業体標準協定書については、経常ＪＶのものを準用することとし、別添のとおりとした。

指針の適用に当たっては、地域ＪＶの構成員数が原則10社を上限としていることを鑑み、特に、指針(4)規則等による円滑な運営の確保中、瑕疵担保責任等に係る覚書等について、その公正性の確保に留意するとともに、各構成員の責任が明確になっているかどうか確認すること。

地域維持型建設共同企業体協定書（甲）

（目的）

第1条　当共同企業体は、地域維持型建設共同企業体の対象となる工事（以下「地域維持工事」
　　という。）を共同連帯して営むことを目的とする。

（名称）

第2条　当共同企業体は、○○地域維持型建設共同企業体（以下「企業体」という。）と称する。

（事務所の所在地）

第3条　当企業体は、事務所を○○市○○町○○番地に置く。

（成立の時期及び解散の時期）

第4条　当企業体は、平成○年○月○日に成立し、その存続期間は、１年とする。ただし、１年
　　を経過しても当企業体に係る地域維持工事の請負契約の履行後○箇月を経過するまでの間は解
　　散することができない。

2　前項の存続期間は、構成員全員の同意をえて、これを延長することができる。

（構成員の住所及び名称）

第5条　当企業体の構成員は、次のとおりとする。
　　　　　　○○県○○市○○町○○番地
　　　　　　　　○○建設株式会社
　　　　　　○○県○○市○○町○○番地
　　　　　　　　○○建設株式会社

（代表者の名称）

第6条　当企業体は、○○建設株式会社を代表者とする。

（代表者の権限）

第7条　当企業体の代表者は、地域維持工事の施工に関し、当企業体を代表してその権限を行う
　　ことを名義上明らかにした上で、発注者及び監督官庁等と折衝する権限並びに請負代金（前払
　　金及び部分払金を含む。）の請求、受領及び当企業体に属する財産を管理する権限を有するも
　　のとする。

（構成員の出資の割合等）

第8条　当企業体の構成員の出資の割合は別に定めるところによるものとする。

2　金銭以外のものによる出資については、時価を参しやくのうえ構成員が協議して評価するも
　　のとする。

（運営委員会）

第9条　当企業体は、構成員全員をもつて運営委員会を設け、組織及び編成並びに工事の施工の
　　基本に関する事項、資金管理方法、下請企業の決定その他の当企業体の運営に関する基本的か
　　つ重要な事項について協議の上決定し、地域維持工事の完成に当るものとする。

（構成員の責任）

第10条　各構成員は、地域維持工事の請負契約の履行及び下請契約その他の地域維持工事の実施

に伴い当企業体が負担する債務の履行に関し、連帯して責任を負うものとする。

（取引金融機関）

第11条　当企業体の取引金融機関は、〇〇銀行とし、共同企業体の名称を冠した代表者名義の別口預金口座によつて取引するものとする。

（決算）

第12条　当企業体は、地域維持工事完成の都度当該地域維持工事について決算するものとする。

（利益金配当の割合）

第13条　決算の結果利益を生じた場合には、第8条に基づく協定書に規定する出資の割合により構成員に利益金を配当するものとする。

（欠損金の負担の割合）

第14条　決算の結果欠損金を生じた場合には、第8条に基づく協定書に規定する割合により構成員が欠損金を負担するものとする。

（権利義務の譲渡の制限）

第15条　本協定書に基づく権利義務は他人に譲渡することはできない。

（工事途中における構成員の脱退に対する措置）

第16条　構成員は、発注者及び構成員全員の承認がなければ、当企業体が地域維持工事を完成する日までは脱退することができない。

2　構成員のうち地域維持工事の工事途中において前項の規定により脱退した者がある場合においては、残存構成員が共同連帯して地域維持工事を完成する。

3　第1項の規定により構成員のうち脱退した者があるときは、残存構成員の出資の割合は、脱退構成員が脱退前に有していたところの出資の割合を、残存構成員が有している出資の割合により分割し、これを第8条に基づく協定書に規定する割合に加えた割合とする。

4　脱退した構成員の出資金の返還は、決算の際行なうものとする。ただし、決算の結果欠損金を生じた場合には、脱退した構成員の出資金から構成員が脱退しなかった場合に負担すべき金額を控除した金額を返還するものとする。

5　決算の結果利益を生じた場合において、脱退構成員には利益金の配当は行なわない。

（構成員の除名）

第16条の2　当企業体は、構成員のうちいずれかが、地域維持工事の工事途中において重要な義務の不履行その他の除名し得る正当な事由を生じた場合においては、他の構成員全員及び発注者の承認により当該構成員を除名することができるものとする。

2　前項の場合において、除名した構成員に対してその旨を通知しなければならない。

3　第1項の規定により構成員が除名された場合においては、前条第2項から第5項までを準用するものとする。

（工事途中における構成員の破産又は解散に対する処置）

第17条　構成員のうちいずれかが地域維持工事の工事途中において破産又は解散した場合においては、第16条第2項から第5項までを準用するものとする。

（代表者の変更）

第17条の２　代表者が脱退し若しくは除名された場合又は代表者としての責務を果たせなくなった場合においては、従前の代表者に代えて、他の構成員全員及び発注者の承認により残存構成員のうちいずれかを代表者とすることができるものとする。

　（解散後のかし担保責任）

第18条　当企業体が解散した後においても、当該工事につきかしがあったときは、各構成員は共同連帯してその責に任ずるものとする。

　（協定書に定めのない事項）

第19条　この協定書に定めのない事項については、運営委員会において定めるものとする。

　○○建設株式会社外○社は、上記のとおり○○地域維持型建設共同企業体協定を締結したので、その証拠としてこの協定書○通を作成し、各通に構成員が記名捺印し、各自所持するものとする。

年　月　日

○○建設株式会社

代表取締役○○○○㊞

○○建設株式会社

代表取締役○○○○㊞

地域維持型建設共同企業体協定書第８条に基づく協定書

　○○発注に係る下記工事については、○○地域維持型建設共同企業体協定書第８条の規定により、当企業体構成員の出資の割合を次のとおり定める。ただし、当該工事について発注者と契約内容の変更増減があつても構成員の出資の割合は変わらないものとする。

記

1　工事の名称　　　○○○○○○工事

2　出資の割合　　　○○建設株式会社　　○○％

　　　　　　　　　　○○建設株式会社　　○○％

　○○建設株式会社外○社は、上記のとおり出資の割合を定めたのでその証拠としてこの協定書○通を作成し、各通に構成員が記名捺印して各自所持するものとする。

年　月　日

○○地域維持型建設共同企業体

代表者　　　○○建設株式会社　代表取締役　　○○○○㊞

○○建設株式会社　代表取締役　　○○○○㊞

地域維持型建設共同企業体協定書（乙）

（目的）
第1条　当共同企業体は、地域維持型建設共同企業体の対象となる工事（以下「地域維持工事」
　　という。）を共同連帯して営むことを目的とする。
（名称）
第2条　当共同企業体は、○○地域維持型建設共同企業体（以下「企業体」という。）と称する。
（事務所の所在地）
第3条　当企業体は、事務所を○○市○○町○○番地に置く。
（成立の時期及び解散の時期）
第4条　当企業体は、平成○年○月○日に成立し、その存続期間は1年とする。ただし、1年を
　　経過しても当企業体に係る地域維持工事の請負契約の履行後○箇月を経過するまでの間は、解
　　散することができない。
2　前項の存続期間は、構成員全員の同意をえて、これを延長することができる。
（構成員の住所及び名称）
第5条　当企業体の構成員は、次のとおりとする。
　　　　　　　○○県○○市○○町○○番地
　　　　　　　○○建設株式会社
　　　　　　　○○県○○市○○町○○番地
　　　　　　　○○建設株式会社
（代表者の名称）
第6条　当企業体は、○○建設株式会社を代表者とする。
（代表者の権限）
第7条　当企業体の代表者は、地域維持工事の施工に関し、当企業体を代表して、発注者及び監
　　督官庁等と折衝する権限並びに自己の名義をもつて請負代金（前払金及び部分払金を含む。）
　　の請求、受領及び当企業体に属する財産を管理する権限を有するものとする。
（分担工事額）
第8条　各構成員の工事の分担は、別に定めるところによるものとする。
2　前項に規定する分担工事の価格については、運営委員会で定める。
（運営委員会）
第9条　当企業体は、構成員全員をもつて運営委員会を設け、地域維持工事の完成に当るものと
　　する。
（構成員の責任）
第10条　構成員は、運営委員会が決定した工程表によりそれぞれの分担工事の進捗を図り、請負
　　契約の履行に関し連帯して責任を負うものとする。
（取引金融機関）
第11条　当企業体の取引金融機関は、○○銀行とし、代表者の名義により設けられた別口預金口

座によつて取引するものとする。

　（構成員の必要経費の分配）

第12条　構成員はその分担工事の施工のため、運営委員会の定めるところにより必要な経費の分配を受けるものとする。

　（共通費用の分担）

第13条　地域維持工事施工中に発生した共通の経費等については、分担工事額の割合により毎月１回運営委員会において、各構成員の分担額を決定するものとする。

　（構成員の相互間の責任の分担）

第14条　構成員がその分担工事に関し、発注者及び第三者に与えた損害は、当該構成員がこれを負担するものとする。

２　構成員が他の構成員に損害を与えた場合においては、その責任につき関係構成員が協議するものとする。

３　前二項に規定する責任について協議がととのわないときは、運営委員会の決定に従うものとする。

４　前三項の規定は、いかなる意味においても第10条に規定する当企業体の責任を免れるものではない。

　（権利義務の譲渡の制限）

第15条　本協定書に基づく権利義務は、他人に譲渡することはできない。

　（工事途中における構成員の脱退）

第16条　構成員は、当企業体が地域維持工事を完成する日までは脱退することができない。

　（工事途中における構成員の破産または解散に対する処置）

第17条　構成員のうちいずれかが地域維持工事の工事途中において破産または解散した場合においては、残存構成員が共同連帯して当該構成員の分担工事を完成するものとする。

２　前項の場合においては、第14条第２項及び第３項の規定を準用する。

　（解散後のかし担保責任）

第18条　当企業体が解散した後においても、当該工事につきかしがあつたときは、各構成員は共同連帯してその責に任ずるものとする。

　（協定書に定めのない事項）

第19条　本協定書に定めのない事項については、運営委員会において定めるものとする。

　　○○建設株式会社外○社は、上記のとおり○○地域維持型建設共同企業体協定を締結したので、その証拠としてこの協定書○通を作成し各通に構成員が記名捺印し、各自所持するものとする。

　　　　　　　　　　　　年　月　日
　　　　　　　　　　　○○建設株式会社
　　　　　　　　　　　　代表取締役○○○○㊞
　　　　　　　　　　　○○建設株式会社

代表取締役○○○○㊞

地域維持型建設共同企業体協定書第8条に基づく協定書

　○○発注に係る下記工事については、○○地域維持型建設共同企業体協定書第8条の規定により、当企業体構成員が分担する工事の工事額を次のとおり定める。

　ただし、分担工事の一つにつき発注者と契約内容の変更増減があつたときは、それに応じて分担の変更があつたものとする。

記

1　工事名称○○○○○○工事

2　分担工事額（消費税分を含む。）

　　　　○○工事○○建設株式会社○○円

　　　　○○工事○○建設株式会社○○円

　○○建設株式会社外○社は、工事の分担について、上記のとおり定めたので、その証拠としてこの協定書○通を作成し、各通に構成員が記名捺印して各自所持するものとする。

年　月　日

○○地域維持型建設共同企業体

　　　代表者　　○○建設株式会社　代表取締役　○○○○㊞

　　　　　　　　○○建設株式会社　代表取締役　○○○○㊞

○復興ＪＶ制度について

○JV（共同企業体）とは、複数の建設企業が、一つの建設工事を受注、施工することを目的として、自主的に結成する事業組織体のこと。

（既存の方式）

特定JV　　大規模かつ技術難度の高い工事において、工事ごとに結成

経常JV　　中小・中堅建設企業が継続的な協業関係を確保するために結成

地域維持型JV　地域の維持管理に不可欠な事業で、実施体制の安定確保を図るために結成

○復興JV制度

被災地域において、地元の建設企業を中心に自主的に結成する復興JV制度を創設。

従来、地元企業のみが入札参加していた工事において、地域外の建設企業も構成員とする「復興JV」に競争参加を認める。

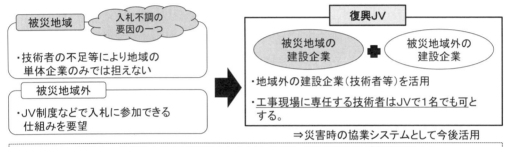

迅速かつ効率的な施工が確保されるよう、地域における雇用の確保を図りつつ、広域的な観点から必要な体制を確保

○復旧・復興建設工事における共同企業体の当面の取扱いについて

平成24年10月10日
国 土 入 企 第 19 号

国土交通省土地・建設産業局建設業課長から

各省各庁主管担当課長
岩手県主管担当部局長
宮城県主管担当部局長あて
福島県主管担当部局長
仙台市主管担当部局長

　平成23年3月11日に発生した東日本大震災において特に被災の大きい岩手県、宮城県及び福島県（以下「被災三県」という。）においては、今後、復旧・復興工事が更に本格化することが想定されますが、被災地域内だけでは十分な施工体制を確保できないなどの理由により、入札不調が多数発生するようなことがないように十分に配慮する必要があります。

　このため、被災三県における建設工事については、不足する技術者や技能者を広域的な観点から確保することを可能とするため、復旧・復興建設工事共同企業体方式（復興ＪＶ）の制度を試行的に実施すべく、「復旧・復興建設工事における共同企業体の当面の取扱いについて」（平成24年2月29日付け国土入企第34、35、36、37号。以下「当面の取扱い」という。）を通知したところですが、依然として入札不調が多数発生している各発注者においては、更なる入札不調対策として別紙のとおり当面の取扱いを改正したので適切に活用するよう通知いたします。

　なお、独立行政法人、特殊法人等を所管する関係府省におかれましては必要に応じて、所管法人に対し、被災三県におかれましては、貴県内の市区町村（政令指定都市を除く。）に対し、更に、所管の法人（市区町村所管のものを含む。）に対しても、この旨通知をお願いします。

○復旧・復興建設工事における共同企業体の当面の取扱いについて

〔平成24年10月10日〕
〔国土入企第20号〕

国土交通省土地・建設産業局建設業課長から

（岩手県、宮城県、福島県及び仙台市を除く）
関係都道府県主管担当部局長あて
関係政令指定都市主管担当部局長

　平成23年３月11日に発生した東日本大震災において特に被災の大きい岩手県、宮城県及び福島県（以下「被災三県」という。）においては、今後、更なる復旧・復興工事が本格化することが想定されるが、被災地域内だけでは十分な施工体制を確保できないなどの理由により、入札不調が多数発生するようなことがないように十分に配慮する必要があります。

　このため、被災三県における建設工事については、不足する技術者や技能者を広域的な観点から確保することを可能とするため、復旧・復興建設工事共同企業体方式（復興ＪＶ）の制度を試行的に実施すべく、「復旧・復興建設工事における共同企業体の当面の取扱いについて」（平成24年２月29日付け国土入企第34、35、36、37号。以下「当面の取扱い」という。）において通知したところですが、更なる入札不調対策として、別紙のとおり当面の取扱いを改正し、別添のとおり各省各庁主管担当課長、被災三県主管担当部局長及び仙台市主管担当部局長あてに通知しましたので、お知らせいたします。

　貴職におかれましては、貴都道府県内に主たる営業所を有する建設企業が、復興ＪＶ制度を活用し得るよう、復興ＪＶによる施工実績の適切な評価など、配慮いただきますようよろしくお願いします。

　なお、貴都道府県内の市区町村（政令指定都市を除く。）に対し、また、必要に応じて所管の法人（市区町村所管のものを含む。）に対しても、この旨通知をお願いします。

○復旧・復興建設工事における共同企業体の当面の取扱いについて

〔平成24年10月10日〕
〔国土入企第21号〕

国土交通省土地・建設産業局建設業課長から　建設業者団体の長あて

　平成23年3月11日に発生した東日本大震災において特に被災の大きい岩手県、宮城県及び福島県（以下「被災三県」という。）においては、今後、更なる復旧・復興工事が本格化することが想定されるが、被災地域内だけでは十分な施工体制を確保できないなどの理由により、入札不調が多数発生するようなことがないように十分に配慮する必要があります。

　このため、被災三県における建設工事については、不足する技術者や技能者を広域的な観点から確保することを可能とするため、復旧・復興建設工事共同企業体方式（復興ＪＶ）の制度を試行的に実施すべく、「復旧・復興建設工事における共同企業体の当面の取扱いについて」（平成24年2月29日付け国土入企第34、35、36、37号。以下「当面の取扱い」という。）において通知したところですが、更なる入札不調対策として、別紙のとおり当面の取扱いを改正し、別添1のとおり各省各庁主管担当課長、被災三県主管担当部局長及び仙台市主管担当部局長に復興ＪＶ制度を適切に活用するよう通知するとともに、別添2により被災三県を除く都道府県主管担当部局長及び仙台市を除く政令指定都市主管担当部局長に復興ＪＶ制度が適切に活用されるよう通知しましたので、お知らせいたします。

　貴団体におかれましては、この旨を了知していただくとともに、必要に応じて、会員、傘下団体等に周知頂きますようよろしくお願いします。

○復旧・復興建設工事における共同企業体の当面の取扱いについて

〔平成24年10月10日〕
〔国土入企第22号〕

国土交通省土地・建設産業局建設業課長から

北海道開発局事業振興部長
各地方整備局建政部長あて
内閣府沖縄総合事務局開発建設部長

　平成23年3月11日に発生した東日本大震災において特に被災の大きい岩手県、宮城県及び福島県（以下「被災三県」という。）においては、今後、更なる復旧・復興工事が本格化することが想定されるが、被災地域内だけでは十分な施工体制を確保できないなどの理由により、入札不調が多数発生するようなことがないように十分に配慮する必要があります。

　このため、被災三県における建設工事については、不足する技術者や技能者を広域的な観点から確保することを可能とするため、復旧・復興建設工事共同企業体方式（復興ＪＶ）の制度を試行的に実施すべく、「復旧・復興建設工事における共同企業体の当面の取扱いについて」（平成24年2月29日付け国土入企第34、35、36、37号。以下「当面の取扱い」という。）において通知したところですが、更なる入札不調対策として、別紙のとおり当面の取扱いを改正し、別添1のとおり各省各庁主管担当課長、被災三県主管担当部局長及び仙台市主管担当部局長に復興ＪＶ制度を適切に活用するよう通知するとともに、別添2により被災三県を除く都道府県主管担当部局長及び仙台市を除く政令指定都市主管担当部局長並びに別添3により建設業者団体の長に復興ＪＶ制度が適切に活用されるよう通知しましたので、お知らせします。

被災地域における復旧・復興のための共同企業体（復興ＪＶ）を活用するための当面の運用について

１．活用目的

> 被災地において不足する技術者や技能者を広域的な観点から確保することにより、復旧・復興工事の円滑な施工を確保するため、被災地域（※１）の地元の建設企業が、被災地域外の建設企業（※２）と共同することにより、その施工力を強化するために結成される共同企業体とする。

※１　「被災地域」の範囲については、発注者の実情に応じて定める。（例：県内、県内ブロック等）

※２　復興ＪＶは、被災地域外の建設企業と協業関係を確保することを目的とするため、被災地域外の建設企業においては被災地域内の営業所の有無を問わないものとする。

・この運用方針は、復興ＪＶ制度の試行期間に係る措置とする。

・復興ＪＶ制度の試行対象エリアは、当面の間、岩手県、宮城県及び福島県とする。

２．対象工事

> 被災地三県における復旧・復興工事を対象とする。
> ただし、大規模な工事と技術的難度の高い工事（※１）は除く。

※１　「政府調達に関する協定（平成７年条約第23号）の対象となる公共工事」及び「特定ＪＶ対象工事」とし、発注者において適切に定める。

・工事種別及び予定価格の範囲は発注者において適切に定めるが、その際、工事における安全確保が図られるよう発注者は留意する。

３．構成員の数

> ２ないし３社とする。

４．構成員の組合せ

> 同程度の施工能力を有する者の組合せとし、被災地域の地元の建設企業を１社以上含むものとする。

・同程度の施工能力を有する者の組合せの判断基準は、被災地域の地元企業を基準として考

え、例えば、経営事項審査などを用いて発注者において定める。

・経常ＪＶ及び地域維持型ＪＶの構成員である一の企業が復興ＪＶの構成員となることは可。

５．構成員の資格

構成員は少なくとも次の三要件を満たす者とする。
1）登録部門に対応する許可業種につき、営業年数が少なくとも数年あること。（※１）
2）当該登録部門について元請として一定の実績を有することを原則とする。
3）全ての構成員に、当該許可業種に係る監理技術者となることができる者又は当該許可業種に係る主任技術者となることができる者で国家資格を有する者が存し、工事の施工に当たっては、これらの技術者を工事現場毎に専任で配置し得ることを原則とする。ただし、共同施工を行う場合は、当該工事規模に見合った施工能力を有する構成員が当該許可業種に係る監理技術者又は主任技術者を専任で配置する場合は、他の構成員の配置する技術者は兼任で配置することを可能とする。（※２）

※１　国内建設企業にあっては、当該許可業種に係る許可の更新の有無が営業年数の判断の目安として想定される。
※２　分担施工を行う場合には、各構成員の分担工事及びその価額に応じて技術者を配置するものとする。

設計図書又は受発注者間の打合せ記録等の書面で工事を行う時期が明らかにされている場合は、監理技術者又は主任技術者の専任を求める期間は、契約工期中、実際に施工を行う時のみとする。

６．結成方法

自主結成とする。

７．登録

一の企業が各登録機関毎に結成・登録することができる共同企業体の数は、原則として一とし、継続的な協業関係を確保するものとする。

・構成員による適正な共同施工を確保するため、発注者が特別に認める場合であっても、一の企業が結成・登録できる共同企業体の数は最大３までとする。
・一の企業との同時登録は可。特定ＪＶ、経常ＪＶ及び地域維持型ＪＶとの同時結成・登録は可とする。
・同一の企業が、単体、経常ＪＶ又は復興ＪＶのいずれかの形態をもって入札に同時に参加することは認めない。

8．出資比率制限

出資比率の最小限度基準は、技術者を適正に配置して共同施工を確保し得るよう、構成員数を勘案して発注機関において定めるものとする。（※）

※　出資比率の最小限度基準については、下記に基づき定めるものとする。
　　2社の場合30パーセント以上
　　3社の場合20パーセント以上

9．代表者

代表者は、構成員において決定された地元の建設企業を原則とし、その出資比率は構成員において自主的に定めるものとする。

10．協定書

甲型共同企業体標準協定書及び乙型共同企業体標準協定書については、経常ＪＶのものを準用することとし参考のとおりとした。

参　考

復旧・復興建設工事における共同企業体の当面の取扱いについて【新旧対照表】

改定前（平成24年2月29日付け通知）	改正後	備考
2. 対象工事 被災地三県における復旧・復興工事を対象とする。ただし、大規模な工事（※1）と技術的難度の高い工事（※2）は除く。 ※1 予定価格が5億円程度を上回る工事とし、発注者において適切に定める。 ※2 発注者において適切に定める。 ・工事種別及び予定価格の範囲は発注者において適切に定める。 7. 登録 一の企業が各登録機関毎に結成・登録することができる共同企業体の数は、原則として一とし、継続的な協業関係を確保するものとする。 ・構成員による適正な共同施工を確保するた	2. 対象工事 被災地三県における復旧・復興工事を対象とする。ただし、大規模な工事と技術的難度の高い工事（※1）は除く。 ※1 「政府調達に関する協定（平成7年条約第23号）の対象となる公共工事」及び「特定I V対象工事」とし、発注者において適切に定める。 （削除） ・工事種別及び予定価格の範囲は発注者において適切に定めるが、その際、工事における安全確保が図られるよう発注者は留意する。 7. 登録 一の企業が各登録機関毎に結成・登録することができる共同企業体の数は、原則として一とし、継続的な協業関係を確保するものとする。 ・構成員による適正な共同施工を確保するた	

め、発注者が特別に認める場合であっても、一の企業が結成・登録できる共同企業体の数は最大2までとする。

・一の企業との同時登録は可。特定ＪＶ、経常ＪＶ及び地域維持型ＪＶとの同時結成・登録は可とする。

・同一の企業が、単体、経常ＪＶ又は復興ＪＶのいずれかの形態をもって入札に同時に参加することは認めない。

め、発注者が特別に認める場合であっても、一の企業が結成・登録できる共同企業体の数は最大3までとする。

・一の企業との同時登録は可。特定ＪＶ、経常ＪＶ及び地域維持型ＪＶとの同時結成・登録は可とする。

・同一の企業が、単体、経常ＪＶ又は復興ＪＶのいずれかの形態をもって入札に同時に参加することは認めない。

○公共工事前払金保証に係るＪＶ工事の預託と払出（参考）

預託方法と払出手続き（ＪＶ）

　共同企業体（ＪＶ）によるお申込みの場合は、前払金の預託及び払出しについて、以下の方法のうち、ＪＶの支払形態に沿った方法を選択してください。

一括預託

　前払金の預託及び払出手続きを全てＪＶ代表者名義で行います。

分割預託

　前払金をＪＶ名義の前払金専用口座に受入れた後、出資割合等に応じた額を構成員名義の前払金専用口座に預託します。分割された前払金の払出手続きは構成員が行います。

1 構成員各々が分割預託金を使用する場合

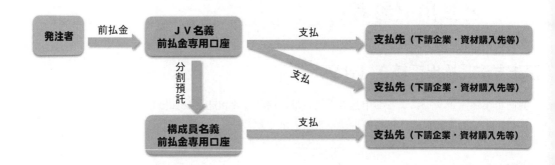

2 構成員が出資金として代表者に支払う場合

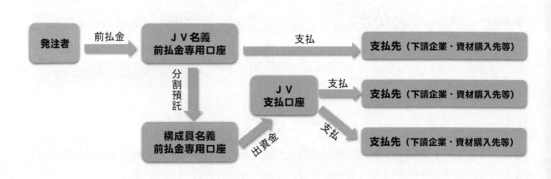

出所：東日本建設業保証株式会社

────────── 【著者紹介】 ──────────

小林進（こばやし　すすむ）
　　公認会計士・税理士
　　税理士法人フォース　代表社員

土井直樹（どい　なおき）
　　一般財団法人建設産業経理研究機構　理事

東海幹夫（とうかい　みきお）（故人）
　　青山学院大学　名誉教授
　　一般財団法人建設産業経理研究機構　前代表理事

中村義人（なかむら　よしと）
　　公認会計士・税理士
　　東洋大学　非常勤講師
　　放送大学　非常勤講師

増田優（ますだ　まさる）
　　建設経営コンサルタント
　　株式会社プライムビービー　代表取締役

（五十音順）

改訂3版　ＪＶの会計指針

────────────────────────────────

2002年12月1日　　第1版第1刷発行
2013年4月15日　　第2版第1刷発行
2021年11月27日　　第3版第1刷発行

監　修　一般財団法人　建設業振興基金
編　著　一般財団法人　建設産業経理研究機構

────────────────────────────────

発　行　一般財団法人　建設産業経理研究機構
　　　　〒105-0001　東京都港区虎ノ門4-2-12　虎ノ門4丁目ＭＴビル2号館3階
　　　　　　　　　　電話03-5425-1261　FAX03-5425-1262
　　　　　　　　　　ＵＲＬ　http://www.farci.or.jp

発　売　大成出版社
　　　　〒156-0042　東京都世田谷区羽根木1-7-11
　　　　　　　　　　電話03-3321-4131　FAX03-3325-1888
　　　　　　　　　　ＵＲＬ　https://www.taisei-shuppan.co.jp/

────────────────────────────────

©2021　（一財）建設産業経理研究機構

信教印刷

ISBN 978-4-8028-3435-3